Aクラスブックス

整数
整数の性質と証明

桐朋中・高校教諭
成川 康男 著

昇龍堂出版

まえがき

　整数は，小学校の1年生から，加法，減法，乗法，除法と学び続けています。整数を学んでいく中で，さまざまな数の特徴や性質が明らかになっていきます。数学の発展の歴史を見ても，整数の性質は 2000 年以上前の古代から研究され，現在に至っても未解決な問題がたくさんあり，研究が続けられています。

　この本では，整数についての重要な性質や考え方を，小学校の知識から出発し，中学校・高等学校で学ぶ内容のほとんどすべてを体系的にまとめました。意欲のある小学生から，整数についての知識を深めたい大人の方々まで，すべての人に役立つことを願っています。

著　者

本書の構成

　この本は6章と研究からなり，それぞれ次のような意図をもって書かれています。

　1章の前半では，小学校で学んだ0以上の整数について，集合という枠組みを利用して約数や倍数といったことがらをわかりやすく説明しています。1章の後半では，位取り記数法を紹介し，その考え方を使って五進法や二進法，あるいは n 進法なども紹介しています。この章は，小学校を卒業してから中学校に入学するまでの間に取り組むことができるように，中学校で学ぶ数学の知識がなくても理解できるように書きました。また，中学生や高校生以上の読者は，この章を飛ばして2章から始め，集合についての知識が必要なときに参照してもよいと思います。

　2章は，整数の基本事項についてまとめてあります。この章では，中学1年で学ぶ1次方程式までを予備知識としています。中学3年で学ぶ平方根の記号などが出てきますが，その意味は脚注などでわかるように説明してあります。この章で扱われているのは，加法・減法・乗法だけで，余りのある除法は次の章で扱っています。

　3章は，この本の最も中心となる章です。除法の原理や，それを利用したユークリッドの互除法など，大切なことがらを学びます。この章では，中学2年で学ぶ連立方程式や1次関数までを予備知識としています。また，絶対値最小剰余などの高校の教科書では紹介されていないことがらについても，これを知っていれば早く正確に解ける問題があるため紹介してあります。

　4章は，2章・3章で学んだ考え方を踏まえたうえで，方程式の整数解の求め方やその性質について紹介しています。この章では，中学3年で学ぶ2次方

程式までを予備知識としています。また，この章を飛ばして次の章の合同式に進むこともできます。

5章の合同式は，高校の教科書でも発展的な内容ですが，使い慣れると便利なものです。合同式を使うことで，整数についての重要な性質を理解したり，簡潔な証明を書くことができるようになります。この章では，3章までの知識を予備知識としています。

6章の巻末問題は，整数の問題の中で大切な考え方を使うものや，本文に入れられなかった定理の証明問題などをまとめました。そのほとんどは大学入試に出題されたものですが，中学までの予備知識で解けるものが多くあります。

研究には，多くの参考書などでは省略されがちである基本的な定理の証明や，オイラーの定理・中国の剰余定理など，証明の比較的難しいものや，知っておくと理解の深まるものを載せてあります。定理の証明についてより深く理解したいときや，ふと疑問に思ったことを解決したいときなどに読んでください。

また，コラムとして，数学の歴史に関するものを中心に紹介してあります。これらのことがらについて諸説あるものもありますが，なるべく原典や学術的な資料にあたってできるだけ正確さを期したつもりです。興味のある人はぜひ読んでみてください。

本書の使い方

この本では，高校の教科書で学習する内容には★が1つ，さらに発展的な内容や問題には，★が2つついています。

1. **整数の性質や定理・公式をしっかり理解しましょう。**

    まず，節や項のはじめにある考え方をしっかり読んで，その節や項のねらいを理解してください。つぎに，例 を通して，その具体的な使い方を確認し，問 を解いて理解を深めましょう。

2. **例題・演習問題を解いてみましょう。**

    例題 は，その節や項で学習する内容の典型的な問題を精選してあります。解説 で解法の要点を説明し，解答 で模範的な解答をていねいに示してあります。

    演習問題 は，例題で学習した内容を確実に身につけるための問題です。例題の解き方を参考にして，じっくり取り組んでください。

目次

1章　集合と自然数 …………………………… 1
1　集合 ………………………………………… 1
- 集合の表し方
- 条件と集合
- 空集合・全体集合・部分集合
- 補集合
- 共通部分と和集合

2　自然数 ……………………………………… 13
- 約数・倍数
- 素数
- 素数の求め方
- 素因数分解
- 素因数分解と約数
- 最大公約数・最小公倍数

3　位取り記数法と n 進法 ………………… 23
- 位取り記数法と十進法
- 五進法
- 二進法
- 五進法と二進法の小数
- 二進法と五進法の加法・乗法
- n 進法

2章　整数の基本 ……………………………… 37
1　約数・倍数 ………………………………… 37
- 約数・倍数
- 倍数の判定法
- ★ 偶奇の一致

2　素数 ………………………………………… 43
- 素数と合成数
- 素因数分解
- 素因数分解の一意性
- ★★素因数分解の一意性を利用した証明

3　最大公約数・最小公倍数 ………………… 48
- 互いに素
- 最大公約数・最小公倍数の性質
- ★ 互いに素であることの証明
- ★★オイラー関数

iv

3章　除法の性質 ……………………………………………56
1　除法の原理 ………………………………………………56
- 除法の原理
- 余りの性質

2★　ガウス記号と絶対値最小剰余 ……………………………63
- ★ ガウス記号
- ★ 絶対値最小剰余

3　余りによる整数の分類 …………………………………70
- 余りによる整数の分類
- 連続する整数の積

4　ユークリッドの互除法 …………………………………77
- 除法と最大公約数
- 1次不定方程式とユークリッドの互除法

4章★　不定方程式の整数解 ……………………………83
- ★ 分数の不定方程式
- ★ 絞り込み
- ★ 2次以上の不定方程式
- ★ 自然数を係数とする1次式で表すことができない自然数

5章★★　合同式 ……………………………………………91
1★★　合同式とその性質 ………………………………………91
- ★★ 合同式
- ★★ 合同式の性質
- ★★ 累乗の性質

2★★　合同式の解 ………………………………………………101
- ★★ 合同式の解

6章★★　巻末問題 ………………………………………104
- ★★ 整数の基本
- ★★ 除法の原理
- ★★ 不定方程式の整数解
- ★★ 合同式

研究**整数に関する定理と証明** ················110
　1**素数と素因数分解に関する定理とその証明**　 ··········110
　　　●**素因数分解について
　　　●**素数が無限にあることの証明
　2**連続する整数の積**　················114
　3**除法の原理の証明**　················116
　4**中国の剰余定理・オイラー関数・オイラーの定理**　········118
　　　●**中国の剰余定理
　　　●**オイラー関数の性質
　　　●**オイラーの定理

[コラム]　集合の始まり　················12
　　　　　オイラーの『ドイツ王女への手紙』・オイラー図とベン図··15
　　　　　ユークリッド　················22
　　　　　『ユークリッド原論』　················35
　　　　　アラビア数字とその記数法・アル＝フワリズミ　········36
　　　　　自然数の定義　················55
　　　　　0は自然数？・ローマ数字　················62
　　　　　オイラー　················82
　　　　　ディオファントス・フェルマー　················90
　　　　　合同式　················94
　　　　　タクシー数　················109
　　　　　素因数分解の一意性の証明の歴史　········117

索引　················123

参考文献　················126

別冊　解答編

1章　集合と自然数

1　集合

　ある条件にあてはまるもの全体の集まりを集合という。この節では，整数からつくられる集合を主な題材として，集合に関する基本的なことがらを学ぶ。

● 集合の表し方

　1から6までの整数をすべてあげると，1，2，3，4，5，6である。数学では，このような数の集まりを，1つのまとまったものとして考えるとき，1から6までの整数の**集合**という。

　集合を1つの文字で表すとき，ふつう A，B，C などアルファベットの大文字を用いる。1から6までの整数の集合を A とするとき，A を中かっこ { } を使って，$\{1, 2, 3, 4, 5, 6\}$ と表すこともある。A と $\{1, 2, 3, 4, 5, 6\}$ は同じ集合であるから，等号 = を使って，

$$A = \{1, 2, 3, 4, 5, 6\}$$

図1

と表す。集合 A をつくる 1，2，3，4，5，6 のそれぞれを，集合 A の**要素**または**元**という。たとえば，2 は集合 A の要素である。

> 参考　集合の要素を { } を使って表すとき，要素はどのような順で書き並べてもよい。たとえば，$\{1, 2, 3\}$ を $\{3, 1, 2\}$ と書いてもよい。しかし，同じ要素を何回も書くことはしない。たとえば，$\{4, 5, 5\}$ と書かないで $\{4, 5\}$ と書く。

　$A = \{1, 2, 3, 4, 5, 6\}$ とするとき，5 は集合 A の要素であり，9 は集合 A の要素ではない。このことを，5 は集合 A に属する，9 は集合 A に属さないといい，記号 $\in$，$\notin$ を使って，

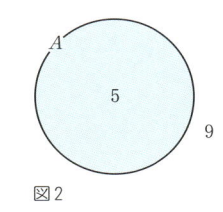

$$5 \in A, \qquad 9 \notin A$$

図2

と表す。

　2つの集合 A，B において，その要素がすべて一致するとき，A と B は**等しい**といい，

$$A = B$$

と表す。たとえば，$A = \{1, 2, 3, 4\}$，$B = \{1, 3, 2, 4\}$ とするとき，$A = B$ である。

問1 5以上9以下の整数の集合を S とするとき，次の問いに答えよ．
(1) 集合 S を { } を使って表せ．
(2) 次の数が集合 S に属するかどうかを，記号 $\in$, $\notin$ を使って表せ．
  6， 8， 10， 12

問2 次の集合 A, B, C, D, E, F のうちで等しい集合を，等号 $=$ を使って表せ．
$A = \{2, 3, 4\}$ $B = \{2, 3\}$ $C = \{3, 4, 2\}$
$D = \{2, 4, 3, 5\}$ $E = \{3, 4\}$ $F = \{3, 2\}$

● 条件と集合

集合では，その要素がはっきり決まることが大切である．集合の表し方には，要素を書き並べる方法のほかに，要素を定める条件を示す方法がある．たとえば，集合 $A = \{1, 2, 3, 4, 5\}$ は，
$$A = \{x \mid x \text{ は1以上5以下の整数}\}$$
と表すこともできる．この場合，x は要素を代表する文字であり，$\mid$ の後に要素を定めるための条件を x を使って示している．*

x は1以上5以下の整数であるという条件については，他の表し方もある．

x は1以上であることを，記号を使って $x \geqq 1$ または $1 \leqq x$ と表し，5以下であることを，$x \leqq 5$ または $5 \geqq x$ と表す．さらに，x は1以上5以下であることを，$1 \leqq x \leqq 5$ と表す．

また，x は0より大きいことを，記号を使って $x > 0$ または $0 < x$ と表し，6より小さいことを，$x < 6$ または $6 > x$ と表す．さらに，x は0より大きく6より小さいことを，$0 < x < 6$ と表す．

ここで，$0 < x < 6$ を満たす整数は 1，2，3，4，5 である．これにより，集合 $A = \{1, 2, 3, 4, 5\}$ は，
$$A = \{x \mid x \text{ は整数}, 1 \leqq x \leqq 5\}$$
と表すこともでき，
$$A = \{x \mid x \text{ は整数}, 0 < x < 6\}$$
$$A = \{x \mid 1 \leqq x < 6, x \text{ は整数}\}$$
などと表すこともできる．このように，集合を要素を定める条件で示す方法で表すとき，その表し方は1通りとは限らない．

参考 記号 $\leqq$, $\geqq$, $<$, $>$ を**不等号**という．

---

* このように，いろいろな値をとる文字を**変数**という．変数 x を含む文章で，x の値によって成り立つ（**真**）か，成り立たない（**偽**）かが決まるような文章を，変数 x に関する**条件**という．

問3 次の集合を，要素を書き並べて表せ。
(1) $A = \{x \mid x \text{ は整数}, 3 \leq x \leq 10\}$
(2) $B = \{x \mid x \text{ は整数}, 3 < x < 10\}$
(3) $C = \{x \mid 5 < x < 12, x \text{ は整数}\}$
(4) $D = \{x \mid 5 \leq x < 12, x \text{ は整数}\}$
(5) $E = \{x \mid 5 < x \leq 12, x \text{ は整数}\}$
(6) $F = \{x \mid 5 \leq x \leq 12, x \text{ は整数}\}$

例題1 条件と集合

次の集合を，要素を書き並べて表せ。
(1) $A = \{x \mid x = 2n+1, 0 \leq n \leq 9, n \text{ は整数}\}$
(2) $B = \{x \mid x = 2n, n \text{ は正の整数}\}$
(3) $C = \{x \mid x = 10n, n \text{ は2桁の正の整数}\}$

解説 0より大きい整数を**正の整数**，または**自然数**という。

(1) $0 \leq n \leq 9$, n は整数であるということは，$n = 0, 1, 2, 3, 4, 5, 6, 7, 8, 9$ということである。

$n = 0$ のとき，$2n+1 = 2 \times 0 + 1 = 1$
$n = 1$ のとき，$2n+1 = 2 \times 1 + 1 = 3$
$n = 2$ のとき，$2n+1 = 2 \times 2 + 1 = 5$

のように，$n = 0, 1, 2, 3, 4, 5, 6, 7, 8, 9$ を，式 $2n+1$ に順にあてはめて計算する。*

(2) n は正の整数であるということは，$n = 1, 2, 3, 4, \cdots$ であるから，要素が無数にあるということである。このような場合，集合の要素を書き並べるには … を使う。たとえば，

$\{n \mid n \text{ は正の整数}\} = \{1, 2, 3, 4, \cdots\}$

と表す。

(3) n は2桁の正の整数であるということは，$n = 10, 11, 12, \cdots, 99$ ということであり，要素が多すぎて書ききれない。このような場合，… を使って要素を書き並べる。

解答 (1) $A = \{1, 3, 5, 7, 9, 11, 13, 15, 17, 19\}$
(2) $B = \{2, 4, 6, 8, 10, \cdots\}$
(3) $C = \{100, 110, 120, \cdots, 990\}$

参考 $2n+1 = 2 \times 9 + 1$ のように，$n = 9$ を式 $2n+1$ にあてはめることを，$n = 9$ を式 $2n+1$ に**代入**するという。

参考 集合 B のように，要素が無数にある集合を**無限集合**といい，集合 A, C のように，無限集合でない集合を**有限集合**という。

---

* 文字を含んだ式では，掛け算（乗法）の記号を省略するのがふつうである。たとえば，$2 \times n + 1$ と書かないで，$2n+1$ と書く。ただし，1は0以外の数に掛けてもその結果は変わらないから，$1 \times n$ を $1n$ と書かないで n と書く。

n を整数とするとき，$2n$ と表される数を**偶数**といい，$2n+1$ と表される数を**奇数**という。また，$3n$ と表される数を **3 の倍数**，$4n$ と表される数を **4 の倍数**という。

すなわち，$2\times$（整数）の形に表される数を偶数，$3\times$（整数）の形に表される数を 3 の倍数，$4\times$（整数）の形に表される数を 4 の倍数という。同様に，a を整数とするとき，$a\times$（整数）の形に表される数を a の倍数という。

演習問題

1 次の集合を，要素を書き並べて表せ。
(1) $A=\{x|x=2n-1,\ 1\leqq n\leqq 6,\ n$ は整数$\}$
(2) $B=\{x|x=5n,\ n$ は正の整数$\}$
(3) $C=\{x|x=3n,\ n$ は 2 桁の正の整数$\}$
(4) $D=\{x|x=4n-1,\ 5\leqq n<10,\ n$ は整数$\}$
(5) $E=\{x|x=7n,\ 1\leqq n\leqq 9,\ n$ は奇数$\}$
(6) $F=\{x|x=2n,\ n>0,\ n$ は 2 桁の偶数$\}$
(7) $G=\{x|x=2n,\ n>0,\ n$ は 1 桁の 3 の倍数$\}$

空集合・全体集合・部分集合

集合 $S=\{x|x$ は $2x=1$ となる整数$\}$ とすると，条件「x は $2x=1$ となる整数」にあてはまる整数は 1 つもない。したがって，集合 S は要素を 1 つももたない集合である。このように，要素を 1 つももたない集合を**空集合**といい，記号 ϕ で表す。たとえば，
$$\{x|x \text{ は } 2x=1 \text{ となる整数}\}=\phi$$
である。

つぎに，集合 $T=\{x|2x=1\}$ を考えてみよう。ここでは，x の範囲が示されていない。x が整数であるとすると，T を満たす要素はないから $T=\phi$ であり，x が小数でもよいとすると，$2\times 0.5=1$ となるから $T=\{0.5\}$ である。このように，集合を考えるとき，対象の範囲を定めておかないと，不都合なことが起こる。数学では，考える対象になるもの全体を明確にしておくことが大切である。この対象になるもの全体の集合を**全体集合**といい，U で表す。

例 全体集合を $U=\{1,\ 2,\ 3,\ 4,\ 5,\ 6,\ 7,\ 8,\ 9\}$
とすると，$V=\{x|x\in U,\ x$ は偶数$\}$ は，
$$V=\{2,\ 4,\ 6,\ 8\}$$
である。

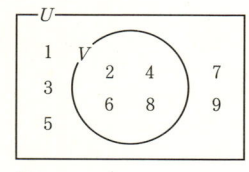

図3

$A = \{1, 2, 3, 4, 5, 6\}$, $B = \{2, 3, 5\}$ とすると，B は A の一部分である。* このように，集合 B が集合 A の一部分であるとき，B は A の**部分集合**であるといい，記号 $\subset$ を使って，

$$B \subset A$$

と表す。このとき，B は A に**含まれる**という。また，記号 $\supset$ を使って，

$$A \supset B$$

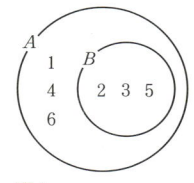

図4

と表すこともある。このとき，A は B を**含む**という。

空集合 ϕ はどのような集合に対しても，その部分集合になっていると考える。すなわち，集合 A に対して，

$$\phi \subset A$$

である。集合 A は自分自身，すなわち，集合 A の部分集合と考える。すなわち，

$$A \subset A$$

である。

問4 次の集合の中で，集合 $A = \{1, 2, 3, 4, 5, 6\}$ の部分集合であるものはどれか。

$B = \{1, 3, 5\}$ $C = \{1, 5, 6, 7\}$
$D = \{1, 2, 3, 4, 5\}$ $E = \{0, 2, 4, 6\}$
$F = \{1, 2, 3, 4, 5, 6\}$ $G = \phi$
$H = \{6\}$ $I = \{0\}$

問5 次の各組の集合 A, B について含む，含まれるの関係を調べ，その関係を記号 $\subset$ を使って表せ。ただし，全体集合 U は 0 以上の整数とする。

(1) $A = \{1, 2, 3, 6\}$, $B = \{2, 6\}$
(2) $A = \{1, 2, 3, 4, 5\}$, $B = \{x \mid 0 \leqq x < 8, \ x \text{ は整数}\}$
(3) $A = \{3, 4, 5\}$, $B = \{x \mid 2 < x < 5, \ x \text{ は整数}\}$
(4) $A = \{x \mid x \text{ は整数}\}$, $B = \{x \mid x \text{ は偶数}\}$
(5) $A = \{x \mid x \text{ は 1 から 100 までの整数}\}$, $B = \{x \mid x \text{ は 2 から 50 までの偶数}\}$
(6) $A = \{x \mid x \text{ は 3 の倍数}\}$, $B = \{x \mid x \text{ は 6 の倍数}\}$

---

* 図1, 図2, 図3, 図4 のように，円のような閉じた曲線を用いて，集合に属する要素を曲線の内部に書いて集合を表した図を，**ベン図**または**オイラー図**という（→p.15, オイラー図とベン図のコラム参照）。

問 6 集合 $A=\{1, 2, 3, 4\}$, $B=\{1, 4\}$, $C=\{2, 4\}$, $D=\{4, 5\}$, $E=\{4\}$ のとき，次の関係のうち成り立つものはどれか。

$A \subset B$	$C \subset B$	$C \subset A$	$D \subset A$
$E \subset B$	$A \supset E$	$B \subset E$	$C \supset D$

例題2　部分集合

集合 $\{0, 1, 2\}$ の部分集合をすべて求めよ。

解説　全体集合の要素の個数が3つであるから，部分集合の要素の個数は最大で3つである。要素の個数が大きい順に部分集合を求めていけばよい。空集合（要素の個数が0個の集合）を忘れないように注意する。

解答　$\{0, 1, 2\}$, $\{0, 1\}$, $\{0, 2\}$, $\{1, 2\}$, $\{0\}$, $\{1\}$, $\{2\}$, ϕ

注意　$\{0\}$ は空集合ではなく，0という1つの要素をもつ集合である。

参考　$\{0, 1, 2\}$ のように要素が3つの集合の部分集合の個数は，要素が3つの部分集合が1通り，要素が2つの部分集合が3通り，要素が1つの部分集合が3通り，要素が1つもない部分集合（空集合）が1通りあるから，

$$1+3+3+1=8 \text{（個）}$$

である。

また，要素0を含むか含まないかで2通り，要素1を含むか含まないかで2通り，要素2を含むか含まないかで2通りあるから，

$$2 \times 2 \times 2 = 2^3 \text{（個）}$$

と計算することもできる。

一般に，要素が n 個の集合の部分集合の個数は 2^n 個となる。

0	1	2	部分集合
○	○	○	$\{0, 1, 2\}$
○	○	×	$\{0, 1\}$
○	×	○	$\{0, 2\}$
×	○	○	$\{1, 2\}$
○	×	×	$\{0\}$
×	○	×	$\{1\}$
×	×	○	$\{2\}$
×	×	×	ϕ

○はその要素を含む。
×はその要素を含まない。

注意　$2 \times 2 \times 2 = 2^3$ と書くように，n 個の2の積を 2^n と書く。すなわち，

$$\underbrace{2 \times 2 \times 2 \times \cdots \times 2}_{n \text{個}} = 2^n$$

である。

演習問題

2　次の集合の部分集合をすべて求めよ。
(1) $A=\{1, 3, 5\}$ 　　　(2) $B=\{0, 2, 4, 6\}$

3　集合 $\{1, 2, 3, 4, 5\}$ の部分集合の個数を求めよ。

補集合

1桁の整数の集合を
$$U = \{1, 2, 3, 4, 5, 6, 7, 8, 9\}$$
とし，U を全体集合と考える。U の要素のうち，3の倍数全体の集合を A とすると，
$$A = \{3, 6, 9\}$$
となる。このとき，U の要素のうち，A に属さない要素全体の集合を B とすると，
$$B = \{1, 2, 4, 5, 7, 8\}$$
となる。B は U の要素のうち，3の倍数でない数全体の集合を表している。

一般に，U を全体集合とするとき，U の要素のうち，部分集合 A の要素でないもの全体のつくる部分集合を，U における A の**補集合**といい，$\overline{A}$ で表す。要素を定める条件を示す方法で集合 A の補集合 $\overline{A}$ を表すと，
$$\overline{A} = \{x \mid x \notin A\}$$
である。

なお，部分集合 A の条件が同じでも，全体集合によって補集合は変わるので注意する。たとえば，全体集合を $U = \{1, 2, 3, 4, 5, 6\}$ とし，U の部分集合を $A = \{x \mid x \text{ は奇数}\}$ とすると，$A = \{1, 3, 5\}$ であるから，$\overline{A} = \{2, 4, 6\}$ である。また，全体集合を $U = \{11, 12, 13, 14, 15, 16, 17, 18, 19\}$ とし，U の部分集合を $A = \{x \mid x \text{ は奇数}\}$ とすると，$A = \{11, 13, 15, 17, 19\}$ であるから，$\overline{A} = \{12, 14, 16, 18\}$ である。

また，全体集合を $U = \{1, 2, 3, 4, 5, 6, 7, 8, 9\}$ とし，U の部分集合を $A = \{3, 6, 9\}$ とすると，$\overline{A} = \{1, 2, 4, 5, 7, 8\}$ であるが，$\overline{A}$ の要素にならない数は 3, 6, 9 であるから，$\overline{A}$ の補集合 $\overline{\overline{A}}$ は A になる。すなわち，
$$\overline{\overline{A}} = A$$
である。なお，全体集合に属さない要素はないことから，
$$\overline{U} = \phi, \qquad \overline{\phi} = U$$
である。

問7 $U = \{1, 2, 3, 4, 5, 6, 7, 8\}$ を全体集合とするとき，次の集合の補集合を求めよ。

(1) $A = \{2, 4, 6\}$ (2) $B = \{4, 8\}$ (3) $C = \{5\}$
(4) $D = U$ (5) $E = \phi$

問8 次の(1)〜(3)について，Uを全体集合とし，Uの部分集合をAとするとき，補集合$\overline{A}$を求めよ。

(1) $U=\{x|x$ は $1\leq x\leq 20$ である整数$\}$, $A=\{x|x$ は偶数$\}$
(2) $U=\{x|x$ は整数$\}$, $A=\{x|x$ は偶数$\}$
(3) $U=\{x|x=2n, n$ は整数$\}$, $A=\{x|x$ は偶数$\}$

例題3　数直線と補集合

$U=\{x|x\geq 1\}$ を全体集合とするとき，次の集合の補集合を求めよ。

(1) $A=\{x|x>5\}$
(2) $B=\{x|x\geq 5\}$
(3) $C=\{x|5\leq x<10\}$

解説　不等号で表された数の集合は，数直線を利用するとよい。$x\geq 1$ を数直線で示すと右の図のようになる。

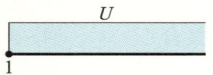

(1) $x>5$ を数直線で示すと右の図のようになる。集合Aが5を含まないことに注意する。補集合$\overline{A}$は，$x>5$ でない範囲である。

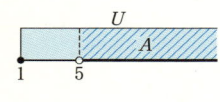

(2) $x\geq 5$ を数直線で示すと右の図のようになる。集合Bが5を含むことに注意する。補集合$\overline{B}$は，$x\geq 5$ でない範囲である。

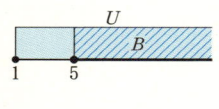

(3) $5\leq x<10$ を数直線で示すと右の図のようになる。集合Cが5を含み，10を含まないことに注意する。補集合$\overline{C}$は，$5\leq x<10$ でない範囲である。

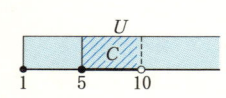

注意　右上の数直線の●はその数を含むことを表し，○はその数を含まないことを表す。

解答
(1) $\overline{A}=\{x|1\leq x\leq 5\}$
(2) $\overline{B}=\{x|1\leq x<5\}$
(3) $\overline{C}=\{x|1\leq x<5,\ x\geq 10\}$

演習問題

4 $U=\{x|10\leq x<100\}$ を全体集合とするとき，次の集合の補集合を求めよ。

(1) $A=\{x|x<40\}$　　(2) $B=\{x|x\leq 40\}$
(3) $C=\{x|x>40\}$　　(4) $D=\{x|x\geq 40\}$
(5) $E=\{x|40\leq x<80\}$

共通部分と和集合

$A = \{1, 2, 3, 4, 5\}$, $B = \{1, 3, 5, 7, 9\}$ のとき，集合 A, B のどちらにも属している要素全体の集合を C とすると，
$$C = \{1, 3, 5\}$$
である。

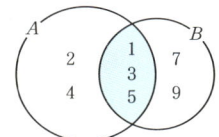

また，A, B のどちらかに属する（A か B の少なくとも一方に属する）要素全体の集合を D とすると，
$$D = \{1, 2, 3, 4, 5, 7, 9\}$$
である。

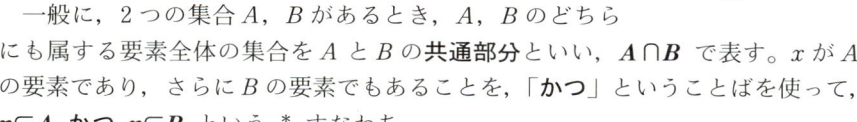

一般に，2つの集合 A, B があるとき，A, B のどちらにも属する要素全体の集合を A と B の**共通部分**といい，$\boldsymbol{A \cap B}$ で表す。x が A の要素であり，さらに B の要素でもあることを，「**かつ**」ということばを使って，$\boldsymbol{x \in A}$ **かつ** $\boldsymbol{x \in B}$ という。* すなわち，
$$A \cap B = \{x \mid x \in A \text{ かつ } x \in B\} \quad \text{である。}$$

また，A, B のどちらかに属する（A か B の少なくとも一方に属する）要素全体の集合を A と B の**和集合**といい，$\boldsymbol{A \cup B}$ で表す。x が A か B の要素であることを，「**または**」ということばを使って，$\boldsymbol{x \in A}$ **または** $\boldsymbol{x \in B}$ という。** すなわち，
$$A \cup B = \{x \mid x \in A \text{ または } x \in B\} \quad \text{である。}$$

例 $A = \{1, 2, 3, 4, 5\}$, $B = \{1, 3, 5, 7, 9\}$ のとき，
$$A \cap B = \{1, 3, 5\}, \quad A \cup B = \{1, 2, 3, 4, 5, 7, 9\}$$

注意 $A \cup B$ を「A か B のどちらか一方だけに属する要素全体の集合」と混同してはいけない。$A \cup B$ は，
- A と B の両方に属する要素，
- A だけに属する要素，
- B だけに属する要素

からなる集合のことである。

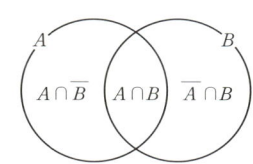

問 9 $A = \{0, 1, 2, 3\}$, $B = \{2, 3, 4, 5\}$, $C = \{0, 3, 6, 9\}$ のとき，次の集合を求めよ。

(1) $A \cap B$ (2) $A \cap C$ (3) $B \cap C$
(4) $A \cup B$ (5) $A \cup C$ (6) $B \cup C$

---

* 「かつ」は英語にすると「and」である。
** 「または」は英語にすると「or」である。

例題4　共通部分・和集合

$U=\{1, 2, 3, 4, 5, 6, 7, 8, 9, 10, 11, 12\}$ を全体集合とし，その部分集合を $A=\{2, 4, 6, 8, 10, 12\}$，$B=\{1, 2, 3, 4, 6, 12\}$，$C=\{2, 4, 6, 9, 11\}$ とするとき，次の集合を求めよ。

(1) $A\cap\overline{A}$，$A\cup\overline{A}$ 　　(2) $(A\cap B)\cap C$，$A\cap(B\cap C)$

(3) $(A\cap B)\cup C$，$A\cap(B\cup C)$

解説　(1) $\overline{A}$ を先に求めて，A と $\overline{A}$ の共通部分，和集合を求める。

(2), (3)　かっこの中の集合を先に求める。

解答　(1) $\overline{A}=\{1, 3, 5, 7, 9, 11\}$ であるから，
$$A\cap\overline{A}=\phi$$
$$A\cup\overline{A}=\{1, 2, 3, 4, 5, 6, 7, 8, 9, 10, 11, 12\}(=U)$$

(2) $A\cap B=\{2, 4, 6, 12\}$ であるから，
$$(A\cap B)\cap C=\{2, 4, 6\}$$
$B\cap C=\{2, 4, 6\}$ であるから，
$$A\cap(B\cap C)=\{2, 4, 6\}$$

(3) $A\cap B=\{2, 4, 6, 12\}$ であるから，
$$(A\cap B)\cup C=\{2, 4, 6, 9, 11, 12\}$$
$B\cup C=\{1, 2, 3, 4, 6, 9, 11, 12\}$ であるから，
$$A\cap(B\cup C)=\{2, 4, 6, 12\}$$

参考　一般に，U を全体集合とし，A，B，C をその部分集合とすると，$A\cap\overline{A}=\phi$，$A\cup\overline{A}=U$ はつねに成り立つ。

また，$(A\cap B)\cap C=A\cap(B\cap C)$ もつねに成り立つ。このことから，かっこを省略して，$A\cap B\cap C$ と書いてよい。

さらに，$(A\cup B)\cup C=A\cup(B\cup C)$ もつねに成り立つ。このことから，かっこを省略して，$A\cup B\cup C$ と書いてよい。

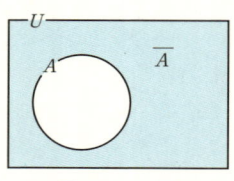

$A\cap\overline{A}=\phi$, $A\cup\overline{A}=U$

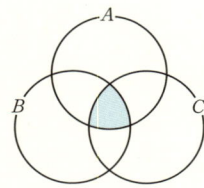

$A\cap B\cap C$

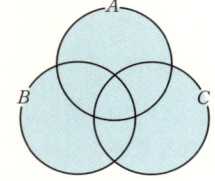

$A\cup B\cup C$

注意　(3)より，$(A\cap B)\cup C$ と $A\cap(B\cup C)$ は異なることがわかる。したがって，$(A\cap B)\cup C$ や $A\cap(B\cup C)$ などは，$A\cap B\cup C$ のようにかっこを省略してはいけない。

演習問題

5 $U=\{1, 2, 3, 4, 5, 6, 7, 8, 9, 10\}$ を全体集合とし，その部分集合を $A=\{1, 2, 3, 4\}$, $B=\{1, 3, 5, 7\}$ とするとき，次の集合を求めよ．
(1) $A \cap B$　　　(2) $A \cup B$　　　(3) $\overline{A} \cap B$
(4) $\overline{A} \cup B$　　　(5) $\overline{A} \cap A$　　　(6) $B \cup \overline{B}$

6 $A=\{1, 2, 3\}$, $B=\{4, 5\}$, $C=\{3, 5, 7\}$ とするとき，次の集合を求めよ．
(1) $(A \cup B) \cap C$　　　(2) $A \cup (B \cap C)$

7 $A=\{1, 2, 3, 4\}$, $B=\{2, 4, 6\}$, $C=\{1, 3, 5\}$ とするとき，次の集合を A, B, C と記号 $\cap$, $\cup$ を使って表せ．
(1) $P=\{1, 2, 3, 4, 5\}$　　　(2) $Q=\{2, 4\}$
(3) $R=\{1, 3\}$　　　(4) $S=\{1, 2, 3, 4, 5, 6\}$
(5) $T=\phi$

例題5　共通部分と倍数

整数全体の集合を全体集合とし，その部分集合を $A=\{x|x$ は偶数$\}$, $B=\{x|x=3n, n$ は整数$\}$, $C=\{x|x=5n, n$ は整数$\}$ とする．
(1) $A \cap B \cap C$ はどのような数の集合か．
(2) 次の数の集合を，A, B, C またはその補集合を使って表せ．
　① 10 の倍数　　　② 奇数かつ 3 の倍数

解説　B は 3 の倍数の集合であり，C は 5 の倍数の集合である．
(1) $B \cap C$ は 3 の倍数であり，5 の倍数でもある整数の集合である．すなわち，$B \cap C$ は 15 の倍数の集合である．A は偶数の集合であるから，$A \cap B \cap C$ は偶数であり，15 の倍数でもある整数の集合である．
(2) ① 10 の倍数の集合は，偶数であり，5 の倍数でもある整数の集合と考えればよい．
　② 奇数の集合は偶数の集合の補集合である．

解答　(1) $A \cap B \cap C = \{x|x$ は偶数かつ 3 の倍数かつ 5 の倍数$\}$ であるから，
$$A \cap B \cap C = \{x|x \text{ は 30 の倍数}\}$$
(2) ① 10 の倍数の集合は，偶数であり，5 の倍数でもある整数の集合であるから，
$$A \cap C$$
② 奇数の集合は $\overline{A}$ であるから，奇数であり，3 の倍数でもある整数の集合は，
$$\overline{A} \cap B$$

参考　(1) $A \cap B \cap C = \{x|x=30n, n$ は整数$\}$ としてもよい．

演習問題

8 整数全体の集合を全体集合とし，その部分集合を
$A=\{x|x=2n,\ n\text{ は整数}\}$，$B=\{x|x=3n,\ n\text{ は整数}\}$，
$C=\{x|x=7n,\ n\text{ は整数}\}$ とするとき，次の問いに答えよ。
(1) 次の集合はどのような数の集合か。
　① $A\cap B$　　　　　　② $B\cap C$　　　　　　③ $A\cap B\cap C$
(2) 次の数の集合を，A，B，C またはその補集合を使って表せ。
　① 14の倍数　　　② 奇数かつ7の倍数　　　③ 奇数かつ21の倍数

9 整数全体の集合を全体集合とし，その部分集合を
$A=\{x|x=3n,\ n\text{ は整数}\}$，$B=\{x|x=6n,\ n\text{ は整数}\}$ とするとき，次の問いに答えよ。
(1) $A\cap B$ はどのような数の集合か。
(2) $A\cup B$ はどのような数の集合か。

集合の始まり

カントール

集合の理論は，19世紀末から20世紀の初頭にドイツで活躍した数学者カントール（1845年－1918年）から始まります。

カントールは1895年に発表した論文の冒頭で，「集合とは，私たちが知覚したり思考したりするいくつかのもの，明確にはっきりと区別できるもの（要素とよぶ）を1つに集めたものである。集合を M とし，要素を m として，記号を使って $M=\{m\}$ と表す」と定義しました。このカントールの定義がさまざまな議論をよび，現在でも研究されている集合論につながっていくことになります。

$\in$，$\cup$，$\cap$ の記号は，イタリアの数学者ペアノ（1858年－1932年）が1889年に著した『算術の原理』によって導入されました。この本は，自然数を定める公理として最もよく知られているペアノの公理系を定めた著書としても有名です。

2 自然数

1以上の整数を自然数という。この節では，自然数について，小学校でも学んだ約数や倍数から学んでいく。この節では，とくに断り書きがないときは，自然数全体の集合を全体集合とする。

● 約数・倍数

1から始まって，2，3，4，… と1つずつ大きくなる数，すなわち1以上の整数を**自然数**という。自然数全体の集合を N と書く。すなわち，

$$N = \{1, 2, 3, 4, \cdots\}$$

である。自然数は終わりなく続き，最後の数はない。自然数は正の整数と同じものである。

4ページで学んだように，3の倍数は，ある整数 k を用いて，$3k$ と表される数である。たとえば，21 は $21 = 3 \times 7$ と表されるので，3の倍数であり，このとき，3 は 21 の約数である。すなわち，

　　　21 は 3 の倍数
　　　3 は 21 の約数

ということである。

一般に，2つの自然数 a，b について，ある正の整数 k を用いて，

$$a = bk$$

と表されるとき，a は b の**倍数**であるといい，b は a の**約数**であるという。

> a は b の倍数
> $a = bk$
> b は a の約数

例　12 の約数の集合を A とすると，

$$A = \{1, 2, 3, 4, 6, 12\}$$

問10　36 の約数の集合を求めよ。

問11　24 の約数の集合を A とし，18 の約数の集合を B とするとき，次の問いに答えよ。

(1) A を求めよ。　　　　(2) B を求めよ。

(3) $A \cap B$ を求めよ。

問12　24 の倍数の集合を A とし，18 の倍数の集合を B とするとき，次の問いに答えよ。

(1) A を求めよ。　　　　(2) B を求めよ。

(3) $A \cap B$ を求めよ。

● **素数**

2以上の自然数で，約数が1とその数自身のみである数を**素数**という。たとえば，20以下の素数は次の数である。

　　2, 3, 5, 7, 11, 13, 17, 19

自然数 $\begin{cases} 1 \\ 素数（2, 3, 5, 7, \cdots） \\ 合成数（4, 6, 8, 9, \cdots） \end{cases}$

1は素数でないことに注意する。また，2以上の自然数で，素数でない数を**合成数**という。

例 23は，それより小さい素数2, 3, 5, 7, 11, 13, 17, 19のどの数の倍数にもならないから，素数である。

例 24は2の倍数であるから，合成数である。

問13 次の数の中から素数をすべて選べ。
　　23, 25, 27, 29, 31, 33, 35, 37, 39, 41, 43, 45, 47

● **素数の求め方**

ある自然数をnとする。n以下の素数を見つける方法として，次のエラトステネスのふるいといわれる方法が知られている。

① 1からnまでの自然数をすべて書く。
② 1を消す。
③ 2を残し，4以上のすべての偶数を消す。
④ 3を残し，他の3の倍数をすべて消す。
⑤ 同じように，残った数のうち最小の数mを残し，他のmの倍数をすべて消す。
⑥ 消す数がなくなるまで⑤を続ける。
⑦ 消す数がなくなったとき，残っているのがn以下の素数である。

たとえば，$n=30$のときは下のようになる。

```
 1̸  ②  ③  4̸  ⑤  6̸  ⑦  8̸  9̸  1̸0̸
⑪  1̸2̸  ⑬  1̸4̸  1̸5̸  1̸6̸  ⑰  1̸8̸  ⑲  2̸0̸
2̸1̸  2̸2̸  ㉓  2̸4̸  2̸5̸  2̸6̸  2̸7̸  2̸8̸  ㉙  3̸0̸
```

問14 31から100までの素数を，エラトステネスのふるいを利用して求めよ。

コラム オイラーの『ドイツ王女への手紙』

オイラー（→p.82）は1741年にプロシアのフリードリッヒ大王からの招聘を受けて，ベルリン科学文芸アカデミーの教授になりました。ベルリンにいたときのオイラーの仕事の1つは，王の親族の教育のために，光，音，重力，磁気，論理，哲学，天文学などについての手紙を書いて，個人指導をすることでした。手紙の中で，赤道付近でも高い山は寒い理由，月は地平線の近くにあるとき大きく見える理由，空が青い理由，人間の目の働きについてなど，いろいろな現象について科学的な根拠を解説しました。

1760年から1762年に書かれた全部で234通の王女あての手紙は，1768年から1772年にかけて『自然哲学の諸問題についてのドイツ王女へのオイラーの手紙』という題で3巻に分かれて出版されました。この本は，一般の人のための科学の入門書としてヨーロッパ各国の言葉に翻訳され，1833年にはアメリカでも出版されました。この本が，オイラーの著作の中で最も多くの読者をもった書物といえるでしょう。

オイラー図とベン図

オイラーの『ドイツ王女への手紙』には，命題や三段論法についての話題があります。そこでは，考える対象を円で表し，その関係を図で示すアイデアがたくさんの図版とともに載っています。この図をオイラー図ということがあります。

イギリスの論理学者・哲学者であるベンは，1880年に論文『命題と推論を機械的に図解することについて』で，何通りも図をかくオイラーの考え方に対して，1通りの図ですべての関係を表すことを提案しました。後にこれがベン図とよばれるようになりました。日本ではオイラー図のことも，とくに区別することなくベン図とよぶことが多いようです。

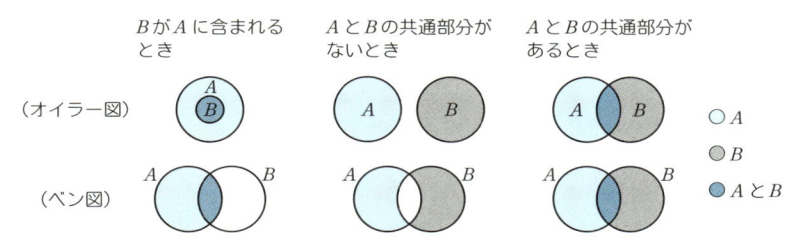

● 素因数分解

自然数がいくつかの自然数の積で表されるとき，積をつくる 1 つ 1 つの自然数を，もとの自然数の**因数**という。

例 $12=3\times 4$ であるから，3 と 4 は 12 の因数である。

素数である因数を**素因数**といい，**自然数を素数だけの積の形に表すことを素因数分解**するという。

例 12 を素因数分解すると，$12=2\times 2\times 3$ である。

2×2 を 2^2，$2\times 2\times 2$ を 2^3，$2\times 2\times 2\times 2$ を 2^4 と書き，それぞれ 2 の 2 乗（平方），2 の 3 乗（立方），2 の 4 乗と読む。同じ数をいくつか掛け合わせることを**累乗**するといい，そのとき，同じ数をいくつ掛け合わせてあるかを示す数を**指数**という。指数は，累乗する数の右肩に小さく書く。たとえば，$2\times 2\times 2\times 2\times 2$ は 2^5 と書き，その指数は 5 である。

素因数分解の結果は指数を用いて，たとえば，
$$12=2^2\times 3$$
と表す。

自然数を素因数分解するには，2，3，5，7，… というように，小さい素数から順に割っていき，その素数が因数となるかどうかを確かめればよい。

たとえば，126 は偶数であるから，$126=2\times 63$ となり，2 と 63 を因数としてもつ。$63=3\times 21$ となるから，63 は 3 と 21 を因数としてもつ。$21=3\times 7$ となるから，21 は 3 と 7 を因数としてもつ。したがって，126 は，
$$126=2\times 3\times 3\times 7=2\times 3^2\times 7$$
と素因数分解される。

```
2 ) 126
3 )  63
3 )  21
      7
```

右のように，縦書きの計算で，126 を小さい素数から順に割っていき，素因数を求める方法もある。

例題 6 **素因数分解**

次の数を素因数分解せよ。
(1) 100　　　　　(2) 243　　　　　(3) 1683

解説 小さい素数から順に割っていき，素因数を求める。

解答 (1) $100=2^2\times 5^2$
　　　(2) $243=3^5$
　　　(3) $1683=3^2\times 11\times 17$

```
(1) 2 ) 100
    2 )  50
    5 )  25
          5
```
```
(2) 3 ) 243
    3 )  81
    3 )  27
    3 )   9
          3
```
```
(3) 3 ) 1683
    3 )  561
   11 )  187
         17
```

演習問題

10 次の数を素因数分解せよ。
(1) 56　　　(2) 80　　　(3) 125
(4) 154　　(5) 65　　　(6) 120
(7) 972　　(8) 2340　　(9) 5733
(10) 4788　(11) 5148　(12) 45720

素因数分解と約数

自然数の約数を求めるには，素因数分解が役に立つ。

たとえば，24 と 36 の約数をそれぞれ求めてみよう。

$24 = 2^3 \times 3$ であるから，

　　すべての自然数に共通な約数が 1
　　素因数 2 だけの約数は $2,\ 2^2,\ 2^3$
　　素因数 3 だけの約数は 3
　　素因数 2 と 3 からつくられる約数は $2 \times 3,\ 2^2 \times 3,\ 2^3 \times 3$

したがって，24 の約数の集合を A とすると，

$$A = \{1,\ 2,\ 2^2,\ 2^3,\ 3,\ 2\times 3,\ 2^2 \times 3,\ 2^3 \times 3\}$$
$$= \{1,\ 2,\ 3,\ 4,\ 6,\ 8,\ 12,\ 24\}$$

また，$36 = 2^2 \times 3^2$ であるから，

　　すべての自然数に共通な約数が 1
　　素因数 2 だけの約数は $2,\ 2^2$
　　素因数 3 だけの約数は $3,\ 3^2$
　　素因数 2 と 3 からつくられる約数は $2 \times 3,\ 2 \times 3^2,\ 2^2 \times 3,\ 2^2 \times 3^2$

したがって，36 の約数の集合を B とすると，

$$B = \{1,\ 2,\ 2^2,\ 3,\ 3^2,\ 2\times 3,\ 2\times 3^2,\ 2^2\times 3,\ 2^2\times 3^2\}$$
$$= \{1,\ 2,\ 3,\ 4,\ 6,\ 9,\ 12,\ 18,\ 36\}$$

最大公約数・最小公倍数

2 つ以上の自然数に共通な約数を，それらの自然数の**公約数**といい，公約数のうちで最大のものを**最大公約数**という。

公約数や最大公約数を求めるには，素因数分解を利用するとよい。

たとえば，24 と 36 の公約数を考えてみよう。

24，36 の約数の集合をそれぞれ $A,\ B$ とすると，

$$A = \{1,\ 2,\ 2^2,\ 2^3,\ 3,\ \quad 2\times 3,\ \quad 2^2\times 3,\ \quad 2^3\times 3\}$$
$$B = \{1,\ 2,\ 2^2,\ \quad 3,\ 3^2,\ 2\times 3,\ 2\times 3^2,\ 2^2\times 3,\ 2^2\times 3^2\}$$

A と B の公約数の集合は $A \cap B$ であるから，
$$A \cap B = \{1, 2, 2^2, 3, 2 \times 3, 2^2 \times 3\}$$
$$= \{1, 2, 3, 4, 6, 12\}$$
したがって，最大公約数は $2^2 \times 3 = 12$ である。

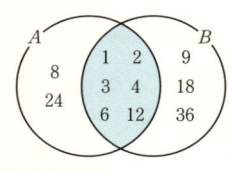

このように，24 と 36 のそれぞれの約数の集合を求め，その共通部分の中で最大の要素を求めると，最大公約数は $2^2 \times 3$ である。

また，右のように，縦書きの計算で，24 と 36 に共通な素因数でできるだけ割っていき，そのとき使った共通な素因数のすべての積をつくって求める方法もある。右の計算より，最大公約数は $2 \times 2 \times 3 = 12$ である。

```
2 ) 24  36
2 ) 12  18
3 )  6   9
     2   3
```

2 つ以上の自然数に共通な倍数を，それらの自然数の**公倍数**といい，公倍数のうちで最小のものを**最小公倍数**という。

2 つの数の最小公倍数を求めるには，最大公約数のときと同じように，それぞれの倍数の集合を求め，その共通部分の中で最小の要素を求めるとよい。

たとえば，24, 36 の倍数の集合をそれぞれ C, D とすると，
$$C = \{24, 48, 72, 96, 120, 144, \cdots\}$$
$$D = \{36, 72, 108, 144, \cdots\}$$
C と D の公倍数の集合は $C \cap D$ であるから，
$$C \cap D = \{72, 144, \cdots\}$$
したがって，24 と 36 の最小公倍数は 72 である。

また，素因数分解を利用して，24 と 36 の最小公倍数を求めてみよう。
$$24 = 2^3 \times 3, \qquad 36 = 2^2 \times 3^2$$
であり，素因数の累乗が大きい方 2^3 と 3^2 の積を l とおくと，
$$l = 2^3 \times 3^2$$
である。l は，
$$l = 24 \times 3 \text{ であるから } 24 \text{ の倍数であり，}$$
$$l = 36 \times 2 \text{ であるから } 36 \text{ の倍数でもある。}$$
したがって，l は 24 と 36 の公倍数である。24 と 36 に共通な倍数の中で l より小さい自然数はないから，l が最小公倍数である。

また，右のように，縦書きの計算で，24 と 36 に共通な素因数でできるだけ割っていき，そのとき使った共通な素因数のすべての積と残りの数の積をつくって求める方法もある。右の計算より，最小公倍数は $2 \times 2 \times 3 \times 2 \times 3 = 72$ である。

```
2 ) 24  36
2 ) 12  18
3 )  6   9
     2   3
```

問15 次の各組の数の最大公約数を求めよ。
(1) 30, 36
(2) 8, 15
(3) 18, 54

問16 次の各組の数の最小公倍数を求めよ。
(1) 6, 8
(2) 4, 15
(3) 12, 16
(4) 16, 36

> **例題7** 最大公約数・最小公倍数
> 次の各組の数の最大公約数と最小公倍数を求めよ。
> (1) 144, 540
> (2) 51, 91
> (3) 24, 36, 54

[解説] 集合を利用する方法は考え方としては重要であるが，(1)のように約数の個数が多くなる場合や，(3)のように3つ以上の数の約数の集合を考える場合には手間がかかり，あまり実用的であるとはいえない。素因数分解を利用して，それぞれの数に共通な素因数を縦に並べて最大公約数・最小公倍数を求めるとよい。

(1) $144 = 2^4 \times 3^2$, $540 = 2^2 \times 3^3 \times 5$ であり，これを
$$144 = 2^2 \times 2^2 \times 3^2$$
$$540 = 2^2 \quad\quad \times 3^2 \times 3 \times 5$$
とすると，共通な素因数の累乗が縦に並び，その積
$$2^2 \times 3^2$$
が最大公約数である。

$$144 = 2^2 \times 2^2 \times 3^2$$
$$540 = 2^2 \quad\quad \times 3^2 \times 3 \times 5$$
$$(最大公約数) = 2^2 \quad\quad \times 3^2$$

最小公倍数を求めるには，次のように縦に並んだ共通な素因数の累乗は1つと考え，
$$144 = 2^2 \times 2^2 \times 3^2$$
$$540 = 2^2 \quad\quad \times 3^2 \times 3 \times 5$$
すべての素因数の累乗を掛けた積
$$2^2 \times 2^2 \times 3^2 \times 3 \times 5$$
が最小公倍数である。

$$144 = 2^2 \times 2^2 \times 3^2$$
$$540 = 2^2 \quad\quad \times 3^2 \times 3 \times 5$$
$$(最小公倍数) = 2^2 \times 2^2 \times 3^2 \times 3 \times 5$$

別解のように，縦書きの計算で求めてもよい。

(2) $51 = 3 \times 17$, $91 = 7 \times 13$ であり，共通な素因数がない。このようなとき，最大公約数は1，最小公倍数は 51×91 となる。

51と91のように，最大公約数が1である2つの自然数は**互いに素**であるという。

(3) 3つの数の最大公約数・最小公倍数を求める方法も，素因数分解を利用する場合は，2つの数の場合と同じである。

各数を素因数分解すると，$24=2^3\times3$, $36=2^2\times3^2$, $54=2\times3^3$ である。

各数に共通な素因数に，指数が最も小さいものをつけて掛け合わせると 2×3 となり，これが最大公約数である。

また，すべての素因数に，指数が最も大きいものをつけて掛け合わせると $2^3\times3^3$ となり，これが最小公倍数である。

別解のように，縦書きの計算で求めてもよいが，最大公約数と最小公倍数では計算の方法が異なることに注意する。

$$\begin{array}{r}24=2^3\times3\\36=2^2\times3^2\\54=2\times3^3\\\hline(最大公約数)=2\times3\end{array}$$

$$\begin{array}{r}24=2^3\times3\\36=2^2\times3^2\\54=2\times3^3\\\hline(最小公倍数)=2^3\times3^3\end{array}$$

[解答] (1) $144=2^4\times3^2$, $540=2^2\times3^3\times5$ より，
　　　　最大公約数は，$2^2\times3^2=36$　　　最小公倍数は，$2^4\times3^3\times5=2160$
(2) $51=3\times17$, $91=7\times13$ より，
　　　最大公約数は，1　　　最小公倍数は，$3\times7\times13\times17=4641$
(3) $24=2^3\times3$, $36=2^2\times3^2$, $54=2\times3^3$ より，
　　　最大公約数は，$2\times3=6$　　　最小公倍数は，$2^3\times3^3=216$

[別解] (1) 最大公約数

```
2 ) 144  540
2 )  72  270
3 )  36  135
3 )  12   45
      4   15
```
$2\times2\times3\times3=36$

最小公倍数
```
2 ) 144  540
2 )  72  270
3 )  36  135
3 )  12   45
      4   15
```
$2\times2\times3\times3\times4\times15=2160$

(3) 最大公約数
```
2 ) 24  36  54
3 ) 12  18  27
     4   6   9
```
$2\times3=6$

最小公倍数
```
2 ) 24  36  54
3 ) 12  18  27
2 )  4   6   9
3 )  2   3   9
     2   1   3
```
← 9は2の倍数でないから，そのまま下に書く

$2\times3\times2\times3\times2\times1\times3=216$

[参考] 別解のように，縦書きで計算する方法もある。その原理は，例題の解答と同じである。縦書きの計算の方が結果を出すには早いが，例題の解答を確実に理解してから練習するようにしたい。

参考 0乗を，正の数 a に対して，
$$a^0 = 1$$
と定める。たとえば，$2^0 = 1$，$5^0 = 1$ である。これを利用すると，最大公約数は，すべての素因数に指数が最も小さいものをつけて掛け合わせ，最小公倍数は，すべての素因数に指数が最も大きいものをつけて掛け合わせればよいことになる。

$$144 = 2^4 \times 3^2 \times 5^0$$
$$540 = 2^2 \times 3^3 \times 5^1$$
$$(最大公約数) = 2^2 \times 3^2 \times 5^0$$
$$(最小公倍数) = 2^4 \times 3^3 \times 5^1$$

演習問題

11 次の各組の数の最大公約数と最小公倍数を求めよ。
(1) 72, 120
(2) 168, 216
(3) 360, 960
(4) 336, 504

12 次の各組の数の最大公約数と最小公倍数を求めよ。
(1) 12, 14, 16
(2) 15, 18, 24
(3) 36, 48, 60
(4) 36, 72, 216
(5) 168, 252, 315

例題8　最大公約数・最小公倍数の応用

ある学校の1年生の生徒数は36人，2年生の生徒数は54人である。1年生，2年生をそれぞれ等分して班をつくり，すべての班の人数が同じになるようにしたい。1つの班の人数を何人にすればよいか。

また，1つの班の人数をできるだけ多くするには，1年生，2年生をそれぞれ何等分すればよいか。ただし，1つの班の人数は2人以上とする。

[解説] 1つの班の人数を n 人とすると，36と54にどちらも n の倍数である。このことから，36と54の2以上の公約数が求めるものである。

[解答] 　　　　　$36 = 2^2 \times 3^2$，　　$54 = 2 \times 3^3$
1つの班の人数は，36と54の公約数である。
36と54の公約数で2以上のものは，
　　2, 3, 6, 9, 18
1つの班の人数が最も多くなるのは18人のときである。
　　　　　$36 = 18 \times 2$，　　$54 = 18 \times 3$
であるから，1年生を2等分，2年生を3等分すればよい。

(答) 1つの班の人数は，2人，3人，6人，9人，18人
　　　1つの班の人数をできるだけ多くするには，1年生を2等分，2年生を3等分する。

演習問題

13 ノート84冊と鉛筆60本を，それぞれ同じ数ずつ，できるだけ多くの生徒に余りなく配りたい。配ることができる生徒は最大何人か。

14 縦60cm，横75cmの1めもり1cmの方眼紙がある。これをめもりの線にそって切り，余りが出ないように同じ大きさの正方形に分ける。このような分け方で，最も大きくなる正方形の1辺の長さは何cmか。

15 縦36cm，横45cmの長方形の紙を，同じ方向にすきまなく並べて正方形をつくる。このとき，最も小さい正方形の1辺の長さは何cmか。

16 赤の電球は35秒ごとに1回，青の電球は56秒ごとに1回点灯する。赤と青の電球が同時に点灯してから，ふたたび同時に点灯するのは何秒後か。

17 縦30cm，横36cm，高さ42cmの直方体のブロックを，同じ方向にすき間なく並べたり重ねたりして立方体をつくる。最も小さい立方体をつくるのに必要なブロックの個数を求めよ。

コラム ユークリッド

ユークリッド（エウクレイデス）は，紀元前330年頃から紀元前275年頃の古代ギリシャにいたとされる数学者です。数学の歴史の中で，最も重要なもののひとつである『原論』（ユークリッド原論）を書いたとされています。ユークリッドという人が実在したかどうか疑う説もあり，その説では，『原論』は複数の人が共同で作り上げたものということになっています。

ユークリッド
（想像画）

ユークリッドについて書かれている最初の書物は，プロクロスの『ユークリッド原論第1巻への注釈』といわれており，ユークリッドの時代から約800年も後のことです。

このプロクロスの本が，ユークリッドがいたことの数少ない根拠とされているのですから，ユークリッドの生没年月日，出身地などがはっきりしないことは当然といえるでしょう。ユークリッドの肖像画とされているものは，後世の芸術家たちが想像を働かせて描いたものです。

3 位取り記数法と n 進法

数を表す方法として，私たちが日常使っているのは，十進法の位取り記数法である。この節では，数の表し方について考えを深め，位取り記数法の考え方を n 進法へと発展させる。

● 位取り記数法と十進法

古代から現代まで，また世界各地で，数を表すいろいろな方法が使われてきている。たとえば，ローマ数字では XXXVIII は 38 を表している。ローマ数字の表し方は，乗法を考えたり，大きな数を表したりするには複雑で不便である（→p.62，ローマ数字のコラム参照）。

それに対して，現在私たちが日常使っている数の表し方では，1 が 10 個集まって 10，10 が 10 個集まって 100 というように，つねに 10 倍ごとに 1 つ上の位がつくられる。たとえば 3864 では，一番左の 3 は 1000（$=10^3$）が 3 つあることを表し，次の 8 は 100（$=10^2$）が 8 つあることを表し，次の 6 は 10 が 6 つあることを表し，最後の 4 は 1 が 4 つあることを表している。すなわち，

$$3864 = 3 \times 10^3 + 8 \times 10^2 + 6 \times 10 + 4$$

である。

3864 のように，その数字の位置（これを位という）によって，その数字の位を表す方法を**位取り記数法**という。

位取り記数法	3864
展開記法	$3 \times 10^3 + 8 \times 10^2 + 6 \times 10 + 4$

また，$3 \times 10^3 + 8 \times 10^2 + 6 \times 10 + 4$ のような表し方を**展開記法**という。

位取り記数法では，位は数字の位置で示されるから，位を表す記号は必要ない。しかし，ある位の数字がないことを示すために，その位に 0 を書いて位取りをはっきりさせる。一方，展開記法では，0 は書かなくてもよい。たとえば，位取り記数法で 704 の 0 を書かないで 74 とするとまったく異なる数になるが，展開記法で，$7 \times 10^2 + 0 \times 10 + 4$ を $7 \times 10^2 + 4$ としても表している数は変わらない。

私たちが日常使っている記数法は，10 の累乗を位とした位取り記数法である。これを**十進位取り記数法**，または**十進法**という。十進法で数を表すとき，各位に使う数字は 0，1，2，3，4，5，6，7，8，9 の 10 個である。また，1 より小さい数は，たとえば 0.3456 のように小数点を使って表す。0.3456 を展開記法で表すと，

$$0.3456 = 3 \times 0.1 + 4 \times 0.01 + 5 \times 0.001 + 6 \times 0.0001$$
$$= 3 \times \frac{1}{10} + 4 \times \frac{1}{100} + 5 \times \frac{1}{1000} + 6 \times \frac{1}{10000}$$
$$= 3 \times \frac{1}{10} + 4 \times \frac{1}{10^2} + 5 \times \frac{1}{10^3} + 6 \times \frac{1}{10^4}$$

となる。このように，1より小さい数も，10の累乗を分母とし分子を1とする分数を位とした十進法と考えることができる。

問17 次の数を展開記法で表せ。
(1) 4683 　　(2) 50607 　　(3) 0.972 　　(4) 203.08

問18 次の数を十進法で表せ。
(1) $5 \times 10^3 + 3 \times 10^2 + 4 \times 10 + 9$
(2) $3 \times 10^5 + 2 \times 10^3 + 4$
(3) $7 \times \frac{1}{10} + 9 \times \frac{1}{10^2} + 3 \times \frac{1}{10^3}$
(4) $9 \times 10^3 + 7 \times 10 + 8 \times \frac{1}{10^2} + 1 \times \frac{1}{10^4}$

● 五進法

5の累乗を位とする位取り記数法を**五進法**という。五進法で数を表すとき，各位に使う数字は 0, 1, 2, 3, 4 の5つである。

たとえば，五進法で 241 と表される数を展開記法で表すと，
$$2 \times 5^2 + 4 \times 5 + 1$$
である。したがって，五進法の 241 は，十進法の 241 と異なる数を表している。そこで，十進法の 241 と区別するために，五進法で表される数を $241_{(5)}$ と表し，「五進法，に，よん，いち」と読む。

$4321_{(5)}$ を展開記法で表すと，
$$4321_{(5)} = 4 \times 5^3 + 3 \times 5^2 + 2 \times 5 + 1$$
である。$4 \times 5^3 + 3 \times 5^2 + 2 \times 5 + 1 = 4 \times 125 + 3 \times 25 + 2 \times 5 + 1 = 586$ であるから，$4321_{(5)}$ を十進法で表すと 586 である。

問19 次の数を十進法で表せ。
(1) $10_{(5)}$ 　　(2) $32_{(5)}$ 　　(3) $14_{(5)}$
(4) $100_{(5)}$ 　　(5) $111_{(5)}$ 　　(6) $212_{(5)}$
(7) $1240_{(5)}$ 　　(8) $1423_{(5)}$ 　　(9) $4444_{(5)}$

例題9　五進法への変換

次の十進法で表された数を五進法で表せ。
(1) 364
(2) 2023

解説　五進法で位となるのは5の累乗である。すなわち，
$$5^0=1,\ 5^1=5,\ 5^2=25,\ 5^3=125,\ 5^4=625,\ 5^5=3125,\ \cdots$$
である。これらの数を基準にして考える。

(1) $5^3<364<5^4$ であるから，五進法になおすと4桁となり，$364=abcd_{(5)}$ と表される。展開記法で表すと $364=a\times 5^3+b\times 5^2+c\times 5+d$ となる $a,\ b,\ c,\ d$ を求める。

(2) $5^4<2023<5^5$ であるから，五進法になおすと5桁となり，$2023=abcde_{(5)}$ と表される。$2023=a\times 5^4+b\times 5^3+c\times 5^2+d\times 5+e$ となる $a,\ b,\ c,\ d,\ e$ を求める。

(1), (2)のどちらの場合も a は1以上4以下の整数，$b,\ c,\ d,\ e$ は0以上4以下の整数である。

解答　(1) $5^3<364<5^4$ であるから，a を1以上4以下の整数，$b,\ c,\ d$ を0以上4以下の整数として，
$$364=a\times 5^3+b\times 5^2+c\times 5+d\quad \text{とおく。}$$
まず，$5^3\times 2=250$，$5^3\times 3=375$ であるから，$a=2$
$$b\times 5^2+c\times 5+d=364-250=114$$
$5^2\times 4=100$，$5^2\times 5=125$ であるから，$b=4$
$$c\times 5+d=114-100=14$$
$5\times 2=10$，$5\times 3=15$ であるから，$c=2$
$$d=14-10=4$$
ゆえに，$364=2424_{(5)}$

(2) $5^4<2023<5^5$ であるから，a を1以上4以下の整数，$b,\ c,\ d,\ e$ を0以上4以下の整数として，
$$2023=a\times 5^4+b\times 5^3+c\times 5^2+d\times 5+e\quad \text{とおく。}$$
まず，$5^4\times 3=1875$，$5^4\times 4=2500$ であるから，$a=3$
$$b\times 5^3+c\times 5^2+d\times 5+e=2023-1875=148$$
$5^3\times 1=125$，$5^3\times 2=250$ であるから，$b=1$
$$c\times 5^2+d\times 5+e=148-125=23$$
$5^2\times 0=0$，$5^2\times 1=25$ であるから，$c=0$
$$d\times 5+e=23-0=23$$
$5\times 4=20$，$5\times 5=25$ であるから，$d=4$
$$e=23-20=3$$
ゆえに，$2023=31043_{(5)}$

参考 縦書きで計算する方法もある。その原理は，例題の解答と同じである。縦書きの計算の方が結果を出すには早いが，例題の解答を確実に理解してから練習するようにしたい。

(1)の縦書きの計算は次のように行う。

364 を 5 で割って商は 72，余り 4

余り 4 が 5^0 の位の数字である。

72 を 5 で割って商は 14，余り 2

余り 2 が 5^1 の位の数字である。

14 を 5 で割って商は 2，余り 4

余り 4 が 5^2 の位の数字である。

2 を 5 で割って商は 0，余り 2

余り 2 が 5^3 の位の数字である。

このように，364 を 5 で割り，その商を 5 で割る割り算を繰り返し，出てきた余りを逆順に並べたものが，364 の五進法による表示 $2424_{(5)}$ である。右のように式を変形すると，その原理がわかりやすい。

(2)も同じように，縦書きで計算することができる。

```
5 ) 364      余り
5 )  72  … 4      364 = 72×5+4
5 )  14  … 2       72 = 14×5+2
5 )   2  … 4       14 =  2×5+4
      0  … 2        2 =  0×5+2
```

$$364 = 72 \times 5 + 4$$
$$= (14 \times 5 + 2) \times 5 + 4$$
$$= 14 \times 5^2 + 2 \times 5 + 4$$
$$= (2 \times 5 + 4) \times 5^2 + 2 \times 5 + 4$$
$$= 2 \times 5^3 + 4 \times 5^2 + 2 \times 5 + 4$$

```
5 ) 2023     余り
5 )  404 … 3      2023 = 404×5+3
5 )   80 … 4       404 =  80×5+4
5 )   16 … 0        80 =  16×5+0
5 )    3 … 1        16 =   3×5+1
       0 … 3         3 =   0×5+3
```

演習問題

18 次の十進法で表された数を五進法で表せ。

(1) 18   (2) 73   (3) 80   (4) 150   (5) 236
(6) 987   (7) 1989   (8) 2000   (9) 5999

● 二進法

2 の累乗を位とする位取り記数法を**二進法**という。二進法で数を表すとき，各位に使う数字は 0 と 1 のみである。二進法でも，五進法と同じように，十進法と区別するために右下に小さく (2) をつけて，たとえば，$10101_{(2)}$ のように表す。

$10101_{(2)}$ を展開記法で表すと，

$$10101_{(2)} = 1 \times 2^4 + 1 \times 2^2 + 1$$

である。$1 \times 2^4 + 1 \times 2^2 + 1 = 16 + 4 + 1 = 21$ であるから，$10101_{(2)}$ を十進法で表すと 21 である。

問20 次の数を十進法で表せ。
(1) $11_{(2)}$ (2) $101_{(2)}$ (3) $1111_{(2)}$
(4) $1100_{(2)}$ (5) $10011_{(2)}$ (6) $11001_{(2)}$
(7) $11111_{(2)}$ (8) $1001001_{(2)}$ (9) $111000111_{(2)}$

例題10　二進法への変換

次の十進法で表された数を二進法で表せ。
(1) 10　　　　　　　　　　(2) 897

解説　二進法で位となるのは2の累乗である。すなわち，
$2^0=1,\ 2^1=2,\ 2^2=4,\ 2^3=8,\ 2^4=16,\ 2^5=32,\ 2^6=64,\ 2^7=128,\ 2^8=256,$
$2^9=512,\ 2^{10}=1024,\ \cdots$

である。これらの数を基準にして考える。2の累乗は，いろいろなところで出てくるので，2^{10} まではその数値を覚えておくとよい。

(1) $2^3<10<2^4$ であるから，二進法になおすと4桁となり，$10=abcd_{(2)}$ と表される。展開記法で表すと $10=a\times 2^3+b\times 2^2+c\times 2+d$ となる $a,\ b,\ c,\ d$ を求める。

(2) $2^9<897<2^{10}$ であるから，二進法になおすと10桁となり，$897=abcdefghij_{(2)}$ と表される。二進法では使う数字は0または1のみであり，すぐに桁が大きくなる。展開記法では式が長くなるので，位取り記数法のまま計算してもよい。

(1), (2)のどちらの場合も a は1であり，$b,\ c,\ \cdots$ は0または1である。

解答　(1) $2^3<10<2^4$ であるから，二進法になおすと，
　　　　$10=abcd_{(2)},\ a=1$　と表される。
　すなわち，$10=1\times 2^3+b\times 2^2+c\times 2+d$　となる。
　　　　$b\times 2^2+c\times 2+d=10-2^3=10-8=2$
　$2<2^2$ であるから，$b=0$
　　　　$c\times 2+d=2$
　よって，$c=1,\ d=0$　　ゆえに，$10=1010_{(2)}$

(2) $2^9<897<2^{10}$ であるから，二進法になおすと，
　　　　$897=abcdefghij_{(2)},\ a=1$　と表される。
　　　　$bcdefghij_{(2)}=897-2^9=897-512=385$
　$2^8<385<2^9$ であるから，$b=1$
　　　　$cdefghij_{(2)}=385-2^8=385-256=129$
　$2^7<129<2^8$ であるから，$c=1$
　　　　$defghij_{(2)}=129-2^7=129-128=1$
　よって，$d=e=f=g=h=i=0,\ j=1$
　ゆえに，$897=1110000001_{(2)}$

参考 次のように，縦書きで計算する方法もある。

(1)
$$\begin{array}{r} 2\,)\underline{\,10\,}\quad\text{余り}\\ 2\,)\underline{\,5\,}\cdots 0\\ 2\,)\underline{\,2\,}\cdots 1\\ 2\,)\underline{\,1\,}\cdots 0\\ \,0\,\cdots 1 \end{array}$$

$10 = 5 \times 2 + 0$
$5 = 2 \times 2 + 1$
$2 = 1 \times 2 + 0$
$1 = 0 \times 2 + 1$

(2)
$$\begin{array}{r} 2\,)\underline{\,897\,}\quad\text{余り}\\ 2\,)\underline{\,448\,}\cdots 1\\ 2\,)\underline{\,224\,}\cdots 0\\ 2\,)\underline{\,112\,}\cdots 0\\ 2\,)\underline{\,56\,}\cdots 0\\ 2\,)\underline{\,28\,}\cdots 0\\ 2\,)\underline{\,14\,}\cdots 0\\ 2\,)\underline{\,7\,}\cdots 0\\ 2\,)\underline{\,3\,}\cdots 1\\ 2\,)\underline{\,1\,}\cdots 1\\ \,0\,\cdots 1 \end{array}$$

$897 = 448 \times 2 + 1$
$448 = 224 \times 2 + 0$
$224 = 112 \times 2 + 0$
$112 = 56 \times 2 + 0$
$56 = 28 \times 2 + 0$
$28 = 14 \times 2 + 0$
$14 = 7 \times 2 + 0$
$7 = 3 \times 2 + 1$
$3 = 1 \times 2 + 1$
$1 = 0 \times 2 + 1$

演習問題

19 次の十進法で表された数を二進法で表せ。
(1) 7 　　(2) 13
(3) 18 　　(4) 39
(5) 191 　　(6) 243
(7) 581 　　(8) 2018

● 五進法と二進法の小数

小数の場合も，十進法と同じように考えて，五進法では位を

$$\frac{1}{5},\ \frac{1}{5^2},\ \frac{1}{5^3},\ \frac{1}{5^4},\ \cdots$$

とし，二進法では位を

$$\frac{1}{2},\ \frac{1}{2^2},\ \frac{1}{2^3},\ \frac{1}{2^4},\ \cdots$$

とする。

たとえば，$0.123_{(5)}$ を十進法で表すと，

$$0.123_{(5)} = 1 \times \frac{1}{5} + 2 \times \frac{1}{5^2} + 3 \times \frac{1}{5^3}$$
$$= \frac{1}{5} + \frac{2}{5^2} + \frac{3}{5^3} = \frac{38}{125} = 0.304$$

となる。

問21 次の数を十進法で表せ。
(1) $0.1_{(2)}$ 　　(2) $0.11_{(2)}$
(3) $0.101_{(2)}$ 　　(4) $0.4_{(5)}$
(5) $0.32_{(5)}$ 　　(6) $0.321_{(5)}$

例題11　小数の五進法への変換

十進法で表された数 0.32 を五進法で表せ。

解説　五進法で位となるのは5の累乗である。小数の場合は，

$$\frac{1}{5^1}=0.2, \quad \frac{1}{5^2}=0.04, \quad \frac{1}{5^3}=0.008, \quad \frac{1}{5^4}=0.0016, \cdots$$

である。これらの数を基準にして考える。

$0.32 = a \times \frac{1}{5} + b \times \frac{1}{5^2} + c \times \frac{1}{5^3} + d \times \frac{1}{5^4} + \cdots$ とおいて，a，b，c，d，$\cdots$ を求める。a，b，c，d，$\cdots$ は0以上4以下の整数である。

解答　a，b，c，d，$\cdots$ を0以上4以下の整数として，

$$0.32 = a \times \frac{1}{5} + b \times \frac{1}{5^2} + c \times \frac{1}{5^3} + d \times \frac{1}{5^4} + \cdots \quad \cdots\cdots\cdots ①$$

とおく。

①の両辺に5を掛けて，

$$1.6 = a + b \times \frac{1}{5} + c \times \frac{1}{5^2} + d \times \frac{1}{5^3} + \cdots \quad \cdots\cdots\cdots ②$$

よって，$a=1$

②の両辺から1を引いて，

$$0.6 = b \times \frac{1}{5} + c \times \frac{1}{5^2} + d \times \frac{1}{5^3} + \cdots \quad \cdots\cdots\cdots ③$$

③の両辺に5を掛けて，

$$3 = b + c \times \frac{1}{5} + d \times \frac{1}{5^2} + \cdots \quad \cdots\cdots\cdots ④$$

よって，$b=3$

④の両辺から3を引いて，

$$0 = c \times \frac{1}{5} + d \times \frac{1}{5^2} + \cdots$$

よって，$c = d = \cdots = 0$

ゆえに，$0.32 = 0.13_{(5)}$

参考　五進法は与えられた小数に5を掛けて，その積の整数の部分が求める数となる。縦書きの計算は次のように行う。

0.32 に5を掛けると 1.60 となり，1.60 の整数部分 1 が $\frac{1}{5}$ の位の数字である。1.60 の小数部分 0.60 に5を掛けると 3.0 となり，3.0 の整数部分 3 が $\frac{1}{5^2}$ の位の数字である。

$$\begin{array}{r} 0.32 \\ \times) \quad 5 \\ \hline 1.60 \\ \times) \quad 5 \\ \hline 3.0 \end{array}$$

このように，0.32 に5を掛けて，その積の小数部分に5を掛ける掛け算を繰り返し，出てきた積の整数部分を順に並べたものが，0.32 の五進法による表示 $0.13_{(5)}$ である。

参考 整数の部分と小数の部分の両方がある数の場合は，整数部分と小数部分に分けて計算する。たとえば，十進法の 34.16 を五進法で表すには，34 と 0.16 に分けて右のように計算する。
ゆえに，$34.16 = 114.04_{(5)}$

```
  5) 34      余り         0.16
  5)  6 … 4            ×)   5
  5)  1 … 1            0.80
      0 … 1          ×)   5
                       4.0
```

例題12　小数の二進法への変換

十進法で表された数 0.625 を二進法で表せ。

解説　二進法で位となるのは2の累乗である。小数の場合は，

$$\frac{1}{2^1}=0.5,\quad \frac{1}{2^2}=0.25,\quad \frac{1}{2^3}=0.125,\quad \frac{1}{2^4}=0.0625,\quad \frac{1}{2^5}=0.03125,\ \cdots$$

である。これらの数を基準にして考える。

$0.625 = a \times \dfrac{1}{2} + b \times \dfrac{1}{2^2} + c \times \dfrac{1}{2^3} + d \times \dfrac{1}{2^4} + e \times \dfrac{1}{2^5} + \cdots$ とおいて，$a,\ b,\ c,\ d,\ e,\ \cdots$

を求める。$a,\ b,\ c,\ d,\ e,\ \cdots$ は 0 または 1 である。

解答　$a,\ b,\ c,\ d,\ e,\ \cdots$ を 0 または 1 として，

$$0.625 = a \times \frac{1}{2} + b \times \frac{1}{2^2} + c \times \frac{1}{2^3} + d \times \frac{1}{2^4} + e \times \frac{1}{2^5} + \cdots \quad\cdots\cdots\text{①}\quad とおく。$$

①の両辺に 2 を掛けて，

$$1.25 = a + b \times \frac{1}{2} + c \times \frac{1}{2^2} + d \times \frac{1}{2^3} + e \times \frac{1}{2^4} + \cdots \quad\cdots\cdots\text{②}$$

よって，$a = 1$

②の両辺から 1 を引いて，

$$0.25 = b \times \frac{1}{2} + c \times \frac{1}{2^2} + d \times \frac{1}{2^3} + e \times \frac{1}{2^4} + \cdots \quad\cdots\cdots\text{③}$$

③の両辺に 2 を掛けて，

$$0.5 = b + c \times \frac{1}{2} + d \times \frac{1}{2^2} + e \times \frac{1}{2^3} + \cdots \quad\cdots\cdots\text{④}$$

よって，$b = 0$

④の両辺に 2 を掛けて，

$$1 = c + d \times \frac{1}{2} + e \times \frac{1}{2^2} + \cdots \quad\cdots\cdots\text{⑤}$$

よって，$c = 1$

⑤の両辺から 1 を引いて，

$$0 = d \times \frac{1}{2} + e \times \frac{1}{2^2} + \cdots \qquad よって，d = e = \cdots = 0$$

ゆえに，$0.625 = 0.101_{(2)}$

参考 二進法の場合も，五進法と同じように，与えられた小数に2を掛けて，その積の整数の部分が求める数となる。これを縦書きで計算すると，右のようになる。

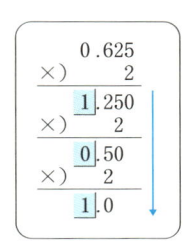

$$\begin{array}{r} 0.625 \\ \times)2 \\ \hline 1.250 \\ \times)2 \\ \hline 0.50 \\ \times)2 \\ \hline 1.0 \end{array}$$

演習問題

20 次の十進法で表された数を五進法で表せ。
(1) 0.8 (2) 0.24 (3) 0.256
(4) 7.48 (5) 12.36 (6) 321.28

21 次の十進法で表された数を二進法で表せ。
(1) 0.75 (2) 0.125 (3) 0.1875
(4) 6.5 (5) 2.25 (6) 27.3125

二進法と五進法の加法・乗法

二進法の加法では，
$$0_{(2)}+0_{(2)}=0_{(2)} \qquad 0_{(2)}+1_{(2)}=1_{(2)}$$
$$1_{(2)}+0_{(2)}=1_{(2)} \qquad 1_{(2)}+1_{(2)}=10_{(2)}$$
をもとにして，計算を行う。

例 $101_{(2)}+100_{(2)}=1001_{(2)}$

この計算は，次のように縦書きで計算してもよい。

$$\begin{array}{r} 101_{(2)} \\ +)100_{(2)} \\ \hline 1001_{(2)} \end{array}$$

二進法では，右のように，2になると位が1つ繰り上がるのが大切である。

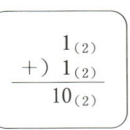

二進法の加法

+	0	1
0	0	1
1	1	10

$$\begin{array}{r} 1_{(2)} \\ +)1_{(2)} \\ \hline 10_{(2)} \end{array}$$

五進法の加法も，二進法と同じように考えて計算する。
$$3_{(5)}+4_{(5)}=12_{(5)}$$
このように，五進法では5になると位が1つ繰り上がる。

例 $43_{(5)}+13_{(5)}=111_{(5)}$

この計算は，次のように縦書きで計算してもよい。

$$\begin{array}{r} 43_{(5)} \\ +)13_{(5)} \\ \hline 111_{(5)} \end{array}$$

五進法の加法

+	1	2	3	4
1	2	3	4	10
2	3	4	10	11
3	4	10	11	12
4	10	11	12	13

問22 次の計算をせよ。
(1) $10_{(2)}+11_{(2)}$
(2) $101_{(2)}+111_{(2)}$
(3) $10101_{(2)}+11_{(2)}$
(4) $32_{(5)}+31_{(5)}$
(5) $123_{(5)}+423_{(5)}$

例題13 二進法・五進法の乗法

次の計算をせよ。
(1) $101_{(2)} \times 11_{(2)}$
(2) $32_{(5)} \times 24_{(5)}$

[解説] (1) 二進法の乗法では，

$$0_{(2)} \times 0_{(2)} = 0_{(2)} \qquad 0_{(2)} \times 1_{(2)} = 0_{(2)}$$
$$1_{(2)} \times 0_{(2)} = 0_{(2)} \qquad 1_{(2)} \times 1_{(2)} = 1_{(2)}$$

をもとにして，縦書きで計算する。

二進法の乗法

×	0	1
0	0	0
1	0	1

(2) 五進法の乗法では，

$$2_{(5)} \times 3_{(5)} = 11_{(5)} \qquad 2_{(5)} \times 4_{(5)} = 13_{(5)}$$
$$3_{(5)} \times 3_{(5)} = 14_{(5)} \qquad 3_{(5)} \times 4_{(5)} = 22_{(5)}$$

などをもとにして，縦書きで計算する。右のような，乗法の表をつくっておくと便利である。

また，別解のように，いったん十進法になおして計算してから，二進法や五進法にもどしてもよい。

五進法の乗法

×	1	2	3	4
1	1	2	3	4
2	2	4	11	13
3	3	11	14	22
4	4	13	22	31

[解答] (1)
```
    101₍₂₎
×)   11₍₂₎
─────────
    101₍₂₎
   101₍₂₎
─────────
   1111₍₂₎
```

(2)
```
     32₍₅₎
×)   24₍₅₎
─────────
    233₍₅₎
   114₍₅₎
─────────
   1423₍₅₎
```

[別解] (1) $101_{(2)} = 1 \times 2^2 + 1 = 5$
$11_{(2)} = 1 \times 2 + 1 = 3$
よって，
$101_{(2)} \times 11_{(2)} = 5 \times 3 = 15$
$= 1111_{(2)}$

(2) $32_{(5)} = 3 \times 5 + 2 = 17$
$24_{(5)} = 2 \times 5 + 4 = 14$
よって，
$32_{(5)} \times 24_{(5)} = 17 \times 14 = 238$
$= 1423_{(5)}$

演習問題

22 次の計算をせよ。
(1) $111_{(2)} \times 11_{(2)}$
(2) $101_{(2)} \times 101_{(2)}$
(3) $1101_{(2)} \times 1011_{(2)}$
(4) $31_{(5)} \times 12_{(5)}$
(5) $43_{(5)} \times 24_{(5)}$
(6) $123_{(5)} \times 42_{(5)}$

● n 進法

二進法や五進法と同じように考えて，n が 2 以上の整数であるとき，n^0（$=1$），n，n^2，n^3，$\cdots$ $\left(\text{小数の場合は } \dfrac{1}{n}, \dfrac{1}{n^2}, \dfrac{1}{n^3}, \cdots\right)$ を位とする位取り記数法を **n 進法**という。各位に使う数字は，0 から $n-1$ までの n 個の数字である。

たとえば，7 を三進法で表すと，
$$7 = 2 \times 3 + 1$$
であるから，
$$7 = 21_{(3)}$$
である。このように，n 進法で表される数は，十進法と区別するために，$21_{(n)}$ のように表す。

また，$n \geqq 11$ のときは数字とアルファベットを使う。たとえば，十六進法では，0 から 9 までの 10 個の数字と A から F までの 6 個のアルファベットを使って表す。すなわち，十六進法では，

$A_{(16)} = 10$，$B_{(16)} = 11$，$C_{(16)} = 12$，$D_{(16)} = 13$，$E_{(16)} = 14$，$F_{(16)} = 15$

であり，たとえば，$2C7B_{(16)}$ を十進法で表すと，次のようになる。
$$2C7B_{(16)} = 2 \times 16^3 + 12 \times 16^2 + 7 \times 16 + 11 = 11387$$

問23 次の数を十進法で表せ。

(1) $32_{(4)}$　　(2) $211_{(3)}$　　(3) $365_{(7)}$　　(4) $178_{(9)}$

(5) $501_{(6)}$　　(6) $2011_{(3)}$　　(7) $3F_{(16)}$　　(8) $A4E9_{(16)}$

(9) $0.23_{(4)}$　　(10) $2.5_{(8)}$

例題14 n 進法への変換

次の十進法で表された数を，( ) 内に示された位取り記数法で表せ。

(1) 256（七進法）　　(2) 0.78125（八進法）

(3) 31539（十六進法）

[解説] 十進法を n 進法になおすのも，二進法や五進法の場合と同じである。

(1) 七進法で位となるのは 7 の累乗である。すなわち，
$$7^0 = 1, \quad 7^1 = 7, \quad 7^2 = 49, \quad 7^3 = 343, \quad \cdots$$
である。これらの数を基準にして考える。

$7^2 < 256 < 7^3$ であるから，七進法になおすと 3 桁となり，$256 = abc_{(7)}$ と表される。展開記法で表すと $256 = a \times 7^2 + b \times 7 + c$ となる a，b，c を求める。a は 1 以上 6 以下の整数，b，c は 0 以上 6 以下の整数である。

(2) 八進法で位となるのは 8 の累乗である。小数の場合は，
$$\frac{1}{8^1}=0.125, \quad \frac{1}{8^2}=0.015625, \quad \frac{1}{8^3}=0.001953125, \quad \frac{1}{8^4}=0.000244140625, \cdots$$
である。これらの数を基準にして考える。
$$0.78125=a\times\frac{1}{8}+b\times\frac{1}{8^2}+c\times\frac{1}{8^3}+d\times\frac{1}{8^4}+\cdots \quad \text{とおいて，} a, b, c, d, \cdots \text{を求める。}$$
$a, b, c, d, \cdots$ は 0 以上 7 以下の整数である。

(3) 十六進法で位となるのは 16 の累乗である。すなわち，
$$16^0=1, \quad 16^1=16, \quad 16^2=256, \quad 16^3=4096, \quad 16^4=65536, \cdots$$
である。これらの数を基準にして考える。

$16^3=4096, \ 16^4=65536$ であり，$4096<31539<65536$ であるから，十六進法になおすと 4 桁となり，$31539=abcd_{(16)}$ と表される。展開記法で表すと $31539=a\times16^3+b\times16^2+c\times16+d$ となる a, b, c, d を求める。a は 1 以上 15 以下の整数，b, c, d は 0 以上 15 以下の整数である。ただし，$A_{(16)}=10, \ B_{(16)}=11, \ C_{(16)}=12, \ D_{(16)}=13, \ E_{(16)}=14, \ F_{(16)}=15$ であることに注意する。

[解答] (1) $7^2<256<7^3$ であるから，a を 1 以上 6 以下の整数，b, c を 0 以上 6 以下の整数として，
$$256=a\times7^2+b\times7+c \quad \text{とおく。}$$
まず，$7^2\times5=245, \ 7^2\times6=294$ であるから，$a=5$
$$b\times7+c=256-245=11$$
$7\times1=7, \ 7\times2=14$ であるから，$b=1$ よって，$c=11-7=4$
ゆえに， $256=514_{(7)}$

(2) $a, b, c, d, \cdots$ を 0 以上 7 以下の整数として，
$$0.78125=a\times\frac{1}{8}+b\times\frac{1}{8^2}+c\times\frac{1}{8^3}+d\times\frac{1}{8^4}+\cdots \quad \cdots\cdots\text{①} \quad \text{とおく。}$$
①の両辺に 8 を掛けて，
$$6.25=a+b\times\frac{1}{8}+c\times\frac{1}{8^2}+d\times\frac{1}{8^3}+\cdots \quad \cdots\cdots\text{②} \qquad \text{よって，} a=6$$
②の両辺から 6 を引いて，
$$0.25=b\times\frac{1}{8}+c\times\frac{1}{8^2}+d\times\frac{1}{8^3}+\cdots \quad \cdots\cdots\text{③}$$
③の両辺に 8 を掛けて，
$$2=b+c\times\frac{1}{8}+d\times\frac{1}{8^2}+\cdots \quad \cdots\cdots\text{④} \qquad \text{よって，} b=2$$
④の両辺から 2 を引いて，
$$0=c\times\frac{1}{8}+d\times\frac{1}{8^2}+\cdots \qquad \text{よって，} c=d=\cdots=0$$
ゆえに， $0.78125=0.62_{(8)}$

(3) $16^3 < 31539 < 16^4$ であるから，a を 1 以上 15 以下の整数，b，c，d を 0 以上 15 以下の整数として，
$$31539 = a \times 16^3 + b \times 16^2 + c \times 16 + d \quad \text{とおく。}$$
まず，$16^3 \times 7 = 28672$，$16^3 \times 8 = 32768$ であるから，$a = 7$
$$b \times 16^2 + c \times 16 + d = 31539 - 28672 = 2867$$
$16^2 \times 11 = 2816$，$16^2 \times 12 = 3072$ であるから，$b = 11 = \text{B}$
$$c \times 16 + d = 2867 - 2816 = 51$$
$16 \times 3 = 48$，$16 \times 4 = 64$ であるから，$c = 3$　よって，$d = 51 - 48 = 3$
ゆえに，　$31539 = 7\text{B}33_{(16)}$

参考 次のように，縦書きで計算する方法もある。

(1)
```
7 ) 256     余り
7 )  36 … 4
7 )   5 … 1
      0 … 5
```

(2)
```
    0.78125
×)       8
    6.25000
×)       8
    2.00
```

(3)
```
16 ) 31539     余り
16 )  1971 …  3
16 )   123 …  3
16 )     7 … 11
         0 …  7
```

演習問題

23 次の十進法で表された数を，（ ）内に示された位取り記数法で表せ。

(1) 462（七進法）
(2) 725（九進法）
(3) 0.96875（八進法）
(4) 0.0625（四進法）
(5) 2000（十六進法）
(6) 30912（十六進法）
(7) 320.125（四進法）
(8) 5349.6875（十六進法）

コラム

『ユークリッド原論』

『ユークリッド原論』は，全部で 13 巻からなる書物です（14，15 巻もありますが，後の時代につけ加えられたものとされています）。この本の平面図形について述べられている部分が，19 世紀から 20 世紀初頭までイギリスを中心とするヨーロッパで幾何学の教科書として使われていたため，『ユークリッド原論』を幾何学の本であると考える人もいます。

しかし，この本はそれだけではありません。実際，『ユークリッド原論』の 7，8，9 巻には，単位の長さをもとにした整数の理論が書かれており，そこには本書でも扱われている，素数が無限に存在すること（→p.113），ユークリッドの互除法（→p.77）などが含まれています。

コラム **アラビア数字とその記数法**

　私たちが日常使っている，0，1，2，3，…などの数字は，アラビア数字とよばれていますが，実はインドで発明されたものです。それが後に，西方のイスラム圏に伝わりました。

　9世紀前半にバグダッドで活躍したアル＝フワリズミの著した『インドの数の計算法』（825年）などがラテン語に翻訳されたこともあり，アラビア数字はヨーロッパで徐々に普及していきます。また，イタリアのフィボナッチはイスラム圏に行き，アラビアの数学を学び，1202年に出版された『算盤の書』で，インドの方法として0から9までの数字の使用と位取り記数法を紹介しました。これによって，アラビア数字とそれを使った位取り記数法は，ヨーロッパ中に普及しました。ヨーロッパでアラビア数字とよばれるようになったのは，10世紀にアラビア語を使う北アフリカの商人たちが，この数字を紹介したからのようです。

　イスラム圏では，この数字のことを当初からインド数字とよんでいたようです。欧米では，インド＝アラビア数字ということもあります。

アル＝フワリズミ

　アブー・アブドゥッラー・ムハンマド・イブン・ムーサー・アル＝フワリズミは，ホラズム（現在のウズベキスタンとトルクメニスタン）生まれの科学者です。生まれは780年または800年，没年も845年または850年と諸説があります。フワリズミというのは，アラビア語でホラズム生まれの人という意味です。

　彼はバグダッドで天文学者として働き，天文学，地理学そして数学に業績を残しました。彼の数学の業績として名高いのは，『ヒサーブ・アル＝ジャブル・ワル＝ムカーバラ』（計算の書）で，移項による方程式の解法について紹介しています。英語で代数を意味するアルジャブラ（algebra）はこのアル＝ジャブルから来ています。また，著書『インドの数の計算法』に出てくる「フワリズミはいう」という意味の Algoritmi dicti がもとになり，アルゴリズム（algorithm）という言葉が生まれたといわれています。

2章 整数の基本

1 約数・倍数

1，2，3，4，… を**正の整数**または**自然数**といい，-1，-2，-3，-4，… を**負の整数**という。今後，整数の集合は，正の整数と負の整数と 0 を要素とする集合のことをいう。

$$\text{整数}\begin{cases} \text{正の整数 }(1,\ 2,\ 3,\ 4,\ \cdots) \\ 0 \\ \text{負の整数 }(-1,\ -2,\ -3,\ -4,\ \cdots) \end{cases}$$

この節では，整数の範囲で約数と倍数について基本的な性質を，文字式を利用して学んでいく。アルファベットは，とくに断りがない限り，整数を表すものとする。

● 約数・倍数

正の整数（自然数）の約数と倍数については，すでに 1 章で学んだ。2 章からは，数の範囲を広げ 0 や負の整数も含めて，すべての整数の範囲で約数と倍数を考える。

2 つの整数 a，b について，0 でない整数 k を用いて，

$$a = bk$$

と表されるとき，b は a の**約数**であるという。また，a は b で**割り切れる**ということもある。

例 $12 = 3 \times 4$ であるから，3 は 12 の約数である。
また，$12 = (-3) \times (-4)$ であるから，-3 は 12 の約数である。

上の例でもわかるように，$a = bk$ のとき，$a = (-b)(-k)$ であるから，b が a の約数ならば，$-b$ も a の約数である。

例 6 の約数は，次の 8 個の整数である。

$$1,\ 2,\ 3,\ 6,\ -1,\ -2,\ -3,\ -6$$

参考 $1,\ 2,\ 3,\ 6,\ -1,\ -2,\ -3,\ -6$ を複号 $\pm$ を用いて，

$$\pm 1,\ \pm 2,\ \pm 3,\ \pm 6$$

と書いてもよい。このとき，6 の約数の集合は，

$$\{\pm 1,\ \pm 2,\ \pm 3,\ \pm 6\}$$

と表すことができる。

2つの整数 a, b について,整数 k を用いて,
$$a = bk$$
と表されるとき,a は b の**倍数**であるという。k は 0 でもよい。したがって,0 はすべての整数の倍数である。

例 3 の倍数は,整数 k を用いて,$3k$ と表される。
$$3 \times 0 = 0, \quad 3 \times (\pm 1) = \pm 3, \quad 3 \times (\pm 2) = \pm 6, \quad 3 \times (\pm 3) = \pm 9, \quad \cdots,$$
であるから,3 の倍数の集合は,
$$\{0, \pm 3, \pm 6, \pm 9, \cdots\}$$
である。

注意 約数や倍数を求めるときは,1 章のように自然数の範囲で求めるか,この章のように整数の範囲で求めるかなど,どのような数の範囲で求めるかを注意する必要がある。

問 1 16 の約数をすべて求めよ。

問 2 7 の倍数で絶対値が 50 以下のものをすべて求めよ。

ある整数の倍数であることを,文字式を利用して証明してみよう。たとえば,整数 a が 7 の倍数であることを証明するには,
$$a = 7 \times (整数)$$
という形に表されることを示せばよい。

例題 1　倍数であることの証明

a, b は整数とする。a と $a-b$ がともに 7 の倍数ならば,b も 7 の倍数であることを証明せよ。

[解説] 正しいか（真）正しくないか（偽）がはっきり決まる文章を**命題**といい,命題が真であることを示すことを**証明**という。ある命題を証明するには,定義*やこれまで真であると認められた命題から出発し,目的となることがらを示す。

この問題では,a と $a-b$ がともに 7 の倍数であるから,ある整数 k, l を用いて,$a = 7k$, $a - b = 7l$ と表される。このことを利用して,$b = 7 \times (整数)$ の形に表す。

[証明] a と $a-b$ がともに 7 の倍数であるから,ある整数 k, l を用いて,
$$a = 7k,$$
$$a - b = 7l$$
と表される。
よって,　$b = a - 7l = 7k - 7l = 7(k-l)$
$k - l$ は整数であるから,b は 7 の倍数である。　　■

＊ 数学で言葉や記号の意味をはっきり定めたものを**定義**という。

演習問題

1 a, b を整数とするとき，次のことを証明せよ。
(1) a と $a+b$ がともに偶数ならば，b も偶数である。
(2) a と b がともに 5 の倍数ならば，$a+b$ も 5 の倍数である。
(3) a と b がともに 3 の倍数ならば，a^2-ab+b^2 は 9 の倍数である。

● 倍数の判定法

整数 N が偶数であるかどうかを判定するには，N の絶対値の一の位の数が偶数であるかどうかを見ればよい。たとえば，-8316 は絶対値の一の位の数 6 が偶数であるから，その他の位の数にかかわらず，偶数である。

このことは，これまで当然のこととしてきたが，数学では，文字式を利用してきちんと証明すべきことがらである。

正の整数 N を十進法で表した 4 桁の正の整数 $abcd$ について，このことを証明してみよう。ここで，a は 1 桁の正の整数，b, c, d は 0 以上 9 以下の整数である。N を展開記法で表すと，$N=1000a+100b+10c+d$ となる。この表し方を利用して，d が偶数であるとき，N は偶数であることの証明をしてみよう。

[証明] d が偶数であるとすると，ある整数 k を用いて，
$$d=2k$$
と表すことができる。
よって，$N=1000a+100b+10c+d$
$=1000a+100b+10c+2k$
$=2(500a+50b+5c+k)$

$500a+50b+5c+k$ は整数であるから，N は偶数である。　終

[参考] a を 0 以上の整数，b を 0 以上 9 以下の整数として，$N=10a+b$ とすると，N はすべての 0 以上の整数を表す。この表し方を使うと，b が偶数であるとき N は偶数であることを，すべての 0 以上の整数について証明できる。

[注意] 負の数の場合も，絶対値を考えればよいので，倍数の判定については 0 以上の数だけを考えることにする。

問3 4 桁の正の整数 N を $N=1000a+100b+10c+d$ とするとき，次のことを証明せよ。ただし，a は 1 桁の正の整数，b, c, d は 0 以上 9 以下の整数である。
(1) d が 5 の倍数であるとき，N は 5 の倍数である。
(2) 下 2 桁の数 $10c+d$ が 4 の倍数であるとき，N は 4 の倍数である。
(3) 下 3 桁の数 $100b+10c+d$ が 8 の倍数であるとき，N は 8 の倍数である。

例題2　3の倍数であることの証明

4桁の正の整数 N を $N=1000a+100b+10c+d$ とする。各位の数の和 $a+b+c+d$ が3の倍数であるとき，N は3の倍数であることを証明せよ。ただし，a は1桁の正の整数，b，c，d は0以上9以下の整数である。

解説　$a+b+c+d$ が3の倍数であるとき，ある整数 k を用いて，$a+b+c+d=3k$ と表される。このことから，$d=3k-(a+b+c)$ を N の式に代入して，$N=3\times(整数)$ の形に表されることを示す。

証明　$a+b+c+d$ が3の倍数であるとき，ある整数 k を用いて，
$$a+b+c+d=3k$$
と表される。
$$d=3k-(a+b+c)$$
よって，
$$\begin{aligned}N&=1000a+100b+10c+d\\&=1000a+100b+10c+3k-(a+b+c)\\&=999a+99b+9c+3k\\&=3(333a+33b+3c+k)\end{aligned}$$
$333a+33b+3c+k$ は整数であるから，N は3の倍数である。　圏

参考　$1000=999+1$，$100=99+1$，$10=9+1$ であることから，
$$\begin{aligned}N&=1000a+100b+10c+d\\&=(999+1)a+(99+1)b+(9+1)c+d\\&=999a+99b+9c+a+b+c+d\\&=3(333a+33b+3c)+a+b+c+d\end{aligned}$$
と変形できる。

この変形から，$a+b+c+d$ が3の倍数でないときは，N は3の倍数でないこともわかる。

参考　この証明では，一の位の数 $d=3k-(a+b+c)$ を N の式に代入したが，a，b，c のどの文字を N の式に代入してもよい。

たとえば，$c=3k-(a+b+d)$ を代入すると，
$$N=3(330a+30b-3d+10k)$$
となり，$3\times(整数)$ の形に変形できる。

演習問題

2　4桁の正の整数 N を $N=1000a+100b+10c+d$ とする。各位の数の和 $a+b+c+d$ が9の倍数であるとき，N は9の倍数であることを証明せよ。ただし，a は1桁の正の整数，b，c，d は0以上9以下の整数である。

ここまでは，4桁の正の整数について証明したが，整数について，次のことが成り立つ。これらは，覚えておくとよい。

> ●倍数の判定法
> 2の倍数 …… 一の位の数が偶数
> 3の倍数 …… 各位の数の和が3の倍数
> 4の倍数 …… 下2桁の数が4の倍数
> 5の倍数 …… 一の位の数が0または5
> 6の倍数 …… 一の位の数が偶数かつ各位の数の和が3の倍数
> 8の倍数 …… 下3桁の数が8の倍数
> 9の倍数 …… 各位の数の和が9の倍数

演習問題

3 次の整数は，3，4，5，6，8，9のうち，どの数の倍数であるか。考えられるものをすべてあげよ。

(1) 2015 (2) 3219 (3) 2241 (4) 9228
(5) 7772 (6) 4320 (7) 75256 (8) 123456

> **例題3** 11の倍数であることの証明
> 4桁の正の整数 N を $N=1000a+100b+10c+d$ とする。$a-b+c-d$ が11の倍数であるとき，N は11の倍数であることを証明せよ。ただし，a は1桁の正の整数，b，c，d は0以上9以下の整数である。

解説 $a-b+c-d$ が11の倍数であるとき，ある整数 k を用いて，$a-b+c-d=11k$ と表される。このことから，$d=-11k+a-b+c$ を N の式に代入し，$1001=11\times 91$，$99=11\times 9$ であることを利用して，$N=11\times$（整数）の形に表されることを示す。

証明 $a-b+c-d$ が11の倍数であるとき，ある整数 k を用いて，
$$a-b+c-d=11k$$
と表される。
$$d=-11k+a-b+c$$
よって， $N=1000a+100b+10c+d$
$$=1000a+100b+10c-11k+a-b+c$$
$$=1001a+99b+11c-11k$$
$$=11\times 91a+11\times 9b+11c-11k$$
$$=11(91a+9b+c-k)$$
$91a+9b+c-k$ は整数であるから，N は11の倍数である。　　圏

演習問題

4 次の数の中で 11 の倍数はどれか。
(1) 2354 (2) 7545 (3) 3916
(4) 2241 (5) 9348 (6) 9284

5 十進法で表した 4 桁の正の整数 $96ab$ が 11 の倍数となるような 1 桁の正の整数 a, b の組 (a, b) をすべて求めよ。

★ 偶奇の一致

x, y が整数であるとき, $x+y$ と $x-y$ はともに偶数であるか, ともに奇数である。このことを偶奇は一致するという。

$x+y$ と $x-y$ の偶奇が一致することは, 次のように証明される。

[証明] $x+y$ と $x-y$ の偶奇が一致しないと仮定する。

このとき, $x+y$ が偶数, $x-y$ が奇数であるとすると, 整数 m, n を用いて,
$$x+y=2m \quad \cdots\cdots①,$$
$$x-y=2n+1 \quad \cdots\cdots②$$
と表される。
①+② より, $2x=2m+2n+1$
すなわち, $2x=2(m+n)+1$

x が整数であるから, 左辺は偶数, 右辺は奇数となるが, このようなことは起こり得ない。

$x+y$ が奇数, $x-y$ が偶数であるとしても同様である。

以上より, $x+y$ と $x-y$ の偶奇が一致しないと仮定すると, 不合理なことが起こるから, $x+y$ と $x-y$ の偶奇は一致する。 ■

この証明では, $x+y$ と $x-y$ の偶奇が一致しないと仮定して, 不合理, すなわち矛盾を導いた。このように, **証明したい命題を否定して矛盾を導き**, もとの命題が正しいとする証明法を**背理法**という。

x, y が整数であるとき, $x+y$ と $x-y$ の偶奇が一致することは, 本書では今後証明なしで使うことにする。

演習問題

6 x, y が整数であるとき, $x+3y$ と $3x-y$ の偶奇が一致することを証明せよ。

2 素数

素数は，整数の理論において最も基本的なものである。この節では，文字式を利用して，素数の性質や，素数の性質を利用した方程式の解法などを学ぶ。

素数と合成数

素数については 14 ページで学んだが，負の整数を含めた場合でも，素数の定義は変わらない。2 以上の整数で，正の約数が 1 とその数自身のみである数を**素数**といい，素数でない正の整数を**合成数**という。

ある数が素数であるかどうかを調べるには，エラトステネスのふるいを使う方法があるが，そのとき，次のように平方根の考え*を利用するとよい。

たとえば，103 が素数かどうかを調べてみよう。

103 が合成数であるとすると，2 以上の整数 n_1 と n_2 の積として表すことができる。** すなわち，

$$103 = n_1 n_2$$

$n_1 \leqq n_2$ とすると，　　$n_1^2 \leqq 103$

よって，　　　　　　　　$n_1 \leqq \sqrt{103}$

となる。すなわち，103 の因数の 1 つ n_1 は $\sqrt{103}$ 以下である。

このことから，103 が素数か合成数かを調べるには，103 が $\sqrt{103}$ 以下の素数の倍数になるかどうかを調べればよいことがわかる。

$10^2 = 100$，$11^2 = 121$ より，

$$10 < \sqrt{103} < 11$$

である。したがって，103 は 10 以下の素数である 2，3，5，7 のいずれの倍数でもないから，素数である。

一般に，正の整数 n が合成数であるとき，2 以上の整数 n_1 と n_2 の積として表すことができる。すなわち，

$$n = n_1 n_2$$

$n_1 \leqq n_2$ とすると，　　$n_1 \leqq \sqrt{n}$

となることから，正の整数 n が素数か合成数かを調べるには，n が $\sqrt{n}$ 以下の素数の倍数になるかどうかを調べればよい。

---

* 正の数 a について，2 乗（平方）すると a になる数を a の**平方根**といい，a の正の平方根を $\sqrt{a}$ と書く。すなわち，$(\sqrt{a})^2 = a$ である。たとえば $(\sqrt{1})^2 = 1$，$(\sqrt{2})^2 = 2$，$(\sqrt{3})^2 = 3$，… である。

** 2 種類の数を文字で表すとき，n_1，n_2 のように文字の右下に数字を書いて表すことがある。

演習問題

7 次の数は素数か合成数か。
(1) 131 (2) 1007
(3) 899 (4) 1019
(5) 1783 (6) 2017

● 素因数分解

整数がいくつかの整数の積で表されるとき，積をつくる 1 つ 1 つの整数を，もとの整数の因数という。

例 $12=(-3)\times(-4)$ であるから，-3 と -4 はともに 12 の因数である。

16 ページで学んだように，素数である因数を素因数といい，自然数を素数だけの積の形に表すことを素因数分解するという。

例題 4 平方根が整数となる整数を求める

$\sqrt{4320n}$ が整数となるような整数 n のうち，最小のものを求めよ。

解説 平方根が整数となるとき，根号の中は平方数（整数の 2 乗となる数）である。したがって，$\sqrt{4320n}$ が整数となるには，$4320n$ を素因数分解したとき，すべての素因数の指数が偶数となればよい。
$4320=2^5\times 3^3\times 5$ より，n として必要な素因数を求める。

2	2	2	3	3	5
2	2	○	3	○	○

4320 を素因数分解して，同じ素因数を上下 2 段に並べた表をつくる。○の部分の数を掛け合わせた積 $2\times 3\times 5$ が n となる。

解答 $4320=2^5\times 3^3\times 5$

よって，4320 に n を掛けたとき，すべての素因数の指数が偶数になる最小の n は，
$$n=2\times 3\times 5=30$$

演習問題

8 $\sqrt{1512n}$ が整数となるような整数 n のうち，最小のものを求めよ。

9 31212 に正の整数 a を掛けると，整数 b の 3 乗になるという。このような正の整数 a のうち最小のものを求めよ。また，このとき b の値を求めよ。

素因数分解の一意性

素因数分解に関しては，次の 3 つの重要な定理*が成り立つ。

●**素因数分解の基本定理**

定理 1　合成数は，素数を約数にもつ。
定理 2　2 以上の自然数は，素因数分解できる。
定理 3　合成数の素因数分解は，積の順序の違いを除いて，ただ 1 通りである（このことを，**素因数分解の一意性**という）。

例　30 は，$2\times3\times5$, $5\times3\times2$, $3\times2\times5$ などと素因数分解することができるが，素因数は 2, 3, 5 であり，素因数を小さい順に並べると $30=2\times3\times5$ とただ 1 通りである。

素因数分解の一意性を利用すると，2 種類以上の未知数のある方程式の解を求めることができる。

x, y を $x<y$ である 1 でない自然数として，方程式 $xy=15$ を満たす自然数の組 (x, y) を求めてみよう。このとき，$xy=3\times5$ であることと，素因数分解の一意性から，$(x, y)=(3, 5)$ であることがわかる。

ここで，「$x<y$」という条件がなければ，方程式 $xy=15$ を満たす 1 でない自然数の組 (x, y) は，$(x, y)=(3, 5)$, $(5, 3)$ となる。

さらに「1 でない」という条件もなければ，方程式 $xy=15$ を満たす自然数の組 (x, y) は，$(x, y)=(3, 5)$, $(5, 3)$ の他に，$(x, y)=(1, 15)$, $(15, 1)$ がある。

x, y を単に $x<y$ である整数として，方程式 $xy=15$ を満たす整数の組 (x, y) を求めると，$(x, y)=(3, 5)$, $(1, 15)$, $(-5, -3)$, $(-15, -1)$ となる。

素因数分解の一意性を利用して方程式の解を求めることが基本であるが，このように問題の条件によっては，方程式の解が異なってくる。

問 4　方程式 $xy=21$ を満たす自然数の組 (x, y) をすべて求めよ。ただし，$x<y$ とする。

問 5　方程式 $xy=-8$ を満たす整数の組 (x, y) をすべて求めよ。ただし，$x<y$ とする。

---
*　正しいことが証明されたことがらの中で，重要なものを**定理**という。

例題5　方程式を満たす自然数

方程式 $(x-6)(y-7)=10$ を満たす自然数の組 (x, y) をすべて求めよ。

解説　素因数分解の一意性を基本として，x, y についての方程式の自然数の解を求める問題である。

x, y に大小などの制限がないときは，あらゆる可能性を考えて適切なものを答えなければならない。与えられた式は積の形 $(x$ の式$)\times(y$ の式$)=$（整数）であるので，左辺の因数の組の積と右辺の整数が一致することから x, y の値を求めることができる。解の可能性がたくさんあるときは，表を利用して見やすくするとよい。

また，求める解が整数であるか自然数（正の整数）であるかを確認すること。

解答　$(x-6)(y-7)=10$ より，$x-6$, $y-7$ および x, y のとりうる値は下の表のようになる。

$x-6$	1	2	5	10	-1	-2	-5	-10
$y-7$	10	5	2	1	-10	-5	-2	-1
x	7	8	11	16	5	4	1	-4
y	17	12	9	8	-3	2	5	6

この中で，x, y がともに自然数である組を求めて，

$(x, y)=(7, 17)$, $(8, 12)$, $(11, 9)$, $(16, 8)$, $(4, 2)$, $(1, 5)$

参考　次のようにしても解を求めることができる。

$$(x-6)(y-7)=10 \quad y-7=\frac{10}{x-6} \quad \text{よって，} y=7+\frac{10}{x-6}$$

$x-6$ が 10 の約数であるとき，y は整数となるから，$x-6=\pm 1$, ± 2, ± 5, ± 10

参考　$(x-6)(y-7)=(x-6)y-7(x-6)=xy-6y-7x+42=xy-7x-6y+42$ となるから，$(x-6)(y-7)=10$ は，$xy-7x-6y+42=10$, すなわち，$xy-7x-6y+32=0$ と同じである。したがって，例題5は，

「方程式 $xy-7x-6y+32=0$ を満たす自然数の組 (x, y) をすべて求めよ。」……①

という問題と同じである。

①の問題で，$xy-7x-6y+32=0$ を $(x-6)(y-7)=10$ に変形するには，次のようにするとよい。

$$\begin{aligned}
xy-7x-6y+32 &= (y-7)x-6y+32 &&\longleftarrow y-7 \text{ が見えた} \\
&= (y-7)x-6(y-7)-10 &&\longleftarrow -6y+32=-6y+42-10 \\
&= (x-6)(y-7)-10 &&\longleftarrow y-7 \text{ について整理する}
\end{aligned}$$

よって，$(x-6)(y-7)-10=0$　　ゆえに，$(x-6)(y-7)=10$

この式変形は計算用紙などに書き，答案には，「$xy-7x-6y+32=0$ を変形して，$(x-6)(y-7)=10$」と書くとよい。

演習問題

10 次の方程式を満たす自然数の組 (x, y) をすべて求めよ。
(1) $(x-3)(y-2)=5$
(2) $xy-5x+3y-21=0$

★★ 素因数分解の一意性を利用した証明

m, n を整数とするとき，分数の形 $\dfrac{m}{n}$ ($n \neq 0$) で表すことのできる数を**有理数**といい，分数の形 $\dfrac{m}{n}$ で表すことのできない数を**無理数**という。素因数分解の一意性を利用して，ある数が無理数であることの証明を考えよう。

例題6　無理数であることの証明

$\sqrt{6}$ が無理数であることを，素因数分解の一意性を利用して証明せよ。

[解説] 無理数であることを直接証明するのは難しいので，背理法で証明する。ここでは，$\sqrt{6}$ が無理数でないと仮定して矛盾を導く。$\sqrt{6}$ が無理数でないと仮定すると，有理数であるから，正の整数 m, n を用いて，$\sqrt{6} = \dfrac{m}{n}$ ($n \neq 0$) と表される。ここで，m, n を素因数分解し，素因数2の個数を考えると矛盾を導くことができる。

[証明] $\sqrt{6}$ が無理数でないと仮定すると，有理数であるから，正の整数 m, n を用いて，
$$\sqrt{6} = \frac{m}{n} \quad (n \neq 0) \quad \text{と表される。}$$

m, n を素因数分解して，$m = p_1 \cdots p_k$, $n = q_1 \cdots q_l$ とすると，
$$\sqrt{6} = \frac{p_1 \cdots p_k}{q_1 \cdots q_l} \quad (p_1, \cdots, p_k, q_1, \cdots, q_l \text{ は素数})$$

両辺を2乗して，$6 = \dfrac{p_1^2 \cdots p_k^2}{q_1^2 \cdots q_l^2}$

分母を払うと，$2 \times 3 \times q_1^2 \cdots q_l^2 = p_1^2 \cdots p_k^2$

ここで，素因数2に着目すると，左辺では2つずつある q_1, $\cdots$, q_l のいずれかとその他に1つあるため個数は奇数個となり，右辺では2つずつある p_1, $\cdots$, p_k のいずれかであるため偶数個となる。このことは素因数分解の一意性に反する。

ゆえに，$\sqrt{6}$ は無理数である。　■

[参考] 素因数3の個数に着目しても同様に証明できる。

演習問題

11 $\sqrt{7}$ が無理数であることを，素因数分解の一意性を利用して証明せよ。

3 最大公約数・最小公倍数

　自然数の最大公約数と最小公倍数の求め方については，1章で学んだ。この節では，2つの自然数において最大公約数が1であるという関係と，それに関連した問題の解き方を学ぶ。また，最大公約数と最小公倍数の性質について学ぶ。

　最大公約数を G.C.D. (the Greatest Common Divisor) または G.C.M. (the Greatest Common Measure)，最小公倍数を L.C.M. (the Least Common Multiple) と書くことがある。また，2つの自然数 a, b の最大公約数を $\gcd(a, b)$ と表すことがある。たとえば，$\gcd(8, 12) = 4$ である。

● 互いに素

　2つの自然数 a, b の最大公約数が1であるとき，a と b は**互いに素**であるという。

> a と b は互いに素である $\iff \gcd(a, b) = 1$

　例　8と9は互いに素である。

　異なる2つの素数は互いに素である。また，m と n が互いに素である自然数のとき，$\dfrac{m}{n}$ を**既約分数**という。

演習問題

12　自然数 m が不等式 $\dfrac{1}{3} < \dfrac{m}{360} < \dfrac{3}{8}$ を満たし，$\dfrac{m}{360}$ が既約分数となるとき，m の個数を求めよ。また，そのような m のうち最大のものを求めよ。

　a, b が0でない整数であり，その絶対値 $|a|$ と $|b|$ が互いに素であるとき，a と b は互いに素であるということがある。

　例　-8 と 9 は互いに素であり，-8 と -9 も互いに素である。

　互いに素である2つの整数に関しては，素因数分解の一意性から，次の定理が成り立つ。

> **●互いに素である2つの整数の定理**
> 2つの整数 a と b が互いに素であり，c を整数として ac が b の倍数であるならば，c は b の倍数である。

　例　x, y が整数で $3x = 4y$ が成り立つとき，3 と 4 は互いに素であるから，x は 4 の倍数であり，y は 3 の倍数である。

例題7　互いに素であることの利用

$n+5$ が7の倍数であり，$n+7$ が5の倍数である自然数 n のうち，最小のものを求めよ。

解説　$n+5$ が7の倍数であり，$n+7$ が5の倍数であるから，$n+5=7k$，$n+7=5l$（k，l は整数）と表される。この2式から，$n=7k-5$，$n=5l-7$ として n を消去すると，$7k-5=5l-7$ となる。この式を，$7\times a=5\times b$（a，b は整数）の形に変形する。このとき，7と5が互いに素であるから，a は5の倍数，b は7の倍数である。

解答　$n+5$ が7の倍数であり，$n+7$ が5の倍数であるから，整数 k，l を用いて，
$$n+5=7k, \qquad n+7=5l$$
と表される。この2式から n を消去すると，
$$7k-5=5l-7 \qquad 7k+7=5l+5$$
よって，　$7(k+1)=5(l+1)$

7と5は互いに素であるから，$k+1$ は5の倍数である。
よって，　$k+1=5m$（m は整数）
と表される。$k=5m-1$ より，
$$n=7k-5=7(5m-1)-5=35m-12$$
n が自然数であるような整数 m の範囲は，$m \geqq 1$
ゆえに，$m=1$ のとき自然数 n は最小となり，そのときの n の値は，
$$n=35\times 1-12=23$$

参考　上の解答では k を消去したが，l を消去しても，次のように同じことになる。
$7(k+1)=5(l+1)$ において，7と5は互いに素であるから，$l+1$ は7の倍数である。
よって，$l+1=7m$（m は整数）と表される。$l=7m-1$ より，
$$n=5l-7=5(7m-1)-7=35m-12$$

例題7で，$7k+7=5l+5$ より $7k-5l=-2$ と変形すると，k，l は x，y の1次方程式 $7x-5y=-2$ を成り立たせる整数である。このように，1次方程式を成り立たせる整数の組を，1次方程式の**整数解**という。

また，解が1つでなく無数にあるような方程式を不定方程式といい，その中で1次方程式であるものを **1次不定方程式** という。

1次不定方程式 $7x-5y=-2$ において，$x=-1$，$y=-1$ のように，解の1つになる x，y の値の組をこの1次不定方程式の**特殊解**といい，$x=-1+5m$，$y=-1+7m$（m は整数）……① のように，すべての整数解を表すものをこの1次不定方程式の**一般解**という。

1次不定方程式の解を求める問題では，とくに断りのない場合，一般解を求めるのがふつうである。

参考 1次不定方程式 $7x-5y=-2$ の一般解 $x=-1+5m$, $y=-1+7m$ に,
$m=0$ を代入すると, $(x, y)=(-1, -1)$
$m=1$ を代入すると, $(x, y)=(4, 6)$
$m=2$ を代入すると, $(x, y)=(9, 13)$
となる。このように, m にすべての整数を代入すると, すべての解が得られる。

注意 一般解の表し方は1通りではない。たとえば, ①の代わりに, $x=4+5m$, $y=6+7m$ (m は整数) ……② としてもよい。①を満たす整数の組 (x, y) の集合を A とし, ②を満たす整数の組 (x, y) の集合を B とすると, $A=B$ となる。

演習問題

13 $n+4$ が5の倍数であり, $n+5$ が4の倍数である3桁の自然数 n のうち, 最小のものを求めよ。

14 整数 a, b が $2a+3b=42$ を満たすとき, a, b の値の組を求めよ。

15 1次不定方程式 $9x-4y=1$ を満たす整数 x, y の組を,
$9(x-1)=4(y-2)$ と変形することにより求めよ。

● 最大公約数・最小公倍数の性質

2つの自然数 a, b の最大公約数 g と最小公倍数 l の間に成り立つ関係を考えてみよう。たとえば, $a=144$, $b=540$ の場合について考えてみよう。

144, 540を素因数分解すると,

$$144=2^4\times 3^2, \quad 540=2^2\times 3^3\times 5$$

よって, $g=2^2\times 3^2$ より,

$$144=g\times 2^2, \quad 540=g\times 3\times 5$$

$a'=2^2$, $b'=3\times 5$ とおくと, a' と b' は互いに素であり, $144=ga'$, $540=gb'$

また, $l=g\times 2^2\times 3\times 5=ga'b'$

さらに, $gl=g\times ga'b'=ga'\times gb'=ab$

$$144 = 2^2\times 3^2 \times 2^2$$
$$540 = 2^2\times 3^2 \qquad \times 3\times 5$$
$$g = 2^2\times 3^2$$
$$l = 2^2\times 3^2 \times 2^2\times 3\times 5$$
$$l = \ g\ \times a'\times\ b'$$
$$gl=(g\times a')\times(g\times b')$$

一般に, 最大公約数と最小公倍数について, 次のことが成り立つ。

―● **最大公約数・最小公倍数の性質** ―

2つの自然数 a, b の最大公約数を g, 最小公倍数を l とすると, 次のことが成り立つ。
(1) $a=ga'$, $b=gb'$ と表される。ただし, a' と b' は互いに素である。
(2) $l=ga'b'$
(3) $gl=ab$

例題8　最大公約数・最小公倍数から2数の決定

最小公倍数が504，積が4536となる自然数の組(a, b)をすべて求めよ。ただし，$a<b$とする。

解説　最大公約数・最小公倍数の性質である，「2つの自然数a，bの最大公約数をg，最小公倍数をlとすると，$a=ga'$，$b=gb'$（a'とb'は互いに素），$l=ga'b'$，$gl=ab$」を利用する。$gl=ab$より，$g=\dfrac{ab}{l}$である。

解答　2つの自然数a，b（$a<b$）の最大公約数をg，最小公倍数をlとすると，互いに素である2つの自然数a'，b'を用いて，
$$a=ga', \qquad b=gb'$$
と表される。

また，$l=ga'b'=504$，$gl=ab=4536$より，
$$g=\frac{4536}{504}=9$$
よって，
$$a'b'=\frac{504}{9}=56=2^3\times7$$
a'とb'は互いに素であり，$a<b$より$a'<b'$であるから，
$$(a', b')=(1, 2^3\times7), (7, 2^3)$$
(i) $a'=1$，$b'=2^3\times7$のとき，
$$a=9\times1=9, \qquad b=9\times2^3\times7=504$$
(ii) $a'=7$，$b'=2^3$のとき，
$$a=9\times7=63, \qquad b=9\times2^3=72$$
ゆえに，
$$(a, b)=(9, 504), (63, 72)$$

演習問題

16　最大公約数が35，和が315となる自然数の組(a, b)をすべて求めよ。ただし，$a<b$とする。

17　最小公倍数が546，積が3276となる2桁の自然数の組を求めよ。

18　aは自然数であり，18とaの最小公倍数は630と990の最大公約数に等しい。このとき，自然数aの個数を求めよ。

19　3つの自然数a，b，c（$a<b<c$）の最大公約数は12，最小公倍数は180である。このとき，自然数の組(a, b, c)をすべて求めよ。

● ★ 互いに素であることの証明

命題「p ならば q」を $p \Longrightarrow q$ と表す。命題 $p \Longrightarrow q$ が成り立つとき，p を q であるための**十分条件**といい，q を p であるための**必要条件**という。
命題 $p \Longrightarrow q$，$q \Longrightarrow p$ が同時に成り立つとき，すなわち命題 $p \Longleftrightarrow q$ が成り立つとき，p を q（q を p）であるための**必要十分条件**という。

また，命題 $p \Longrightarrow q$ に対して，命題 q でない $\Longrightarrow$ p でない をもとの命題の**対偶**という。もとの命題とその対偶では真偽が一致する。したがって，ある命題を証明するには，その対偶を証明すればよい。すなわち，命題 $p \Longrightarrow q$ を証明するには，命題 q でない $\Longrightarrow$ p でない を証明すればよい。

例題9 互いに素であることの証明①

2つの自然数 a，b に対して，a^2 と b^2 が互いに素であるための必要十分条件は a と b が互いに素であることを証明せよ。

[解説] 対偶の証明を利用する。

[証明] 「a^2 と b^2 が互いに素であるならば，a と b は互いに素である」ことを示す。

a と b が互いに素でないとすると，1でない公約数 g（$g \geq 2$）が存在し，整数 c，d を用いて，$a = gc$ ……①，$b = gd$ ……② と表される。

①，②より，$a^2 = g^2 c^2$ ……③，$b^2 = g^2 d^2$ ……④ となる。

③，④より，a^2 と b^2 は2以上の公約数 g^2 をもつから，互いに素ではない。

よって，対偶が示されたから，a^2 と b^2 が互いに素であるならば，a と b は互いに素であることが示された。

逆に，「a と b が互いに素であるならば，a^2 と b^2 は互いに素である」ことを示す。
a^2 と b^2 が互いに素でないとすると，素数である公約数 p（$p \geq 2$）が存在し，整数 e，f を用いて，$a^2 = pe$，$b^2 = pf$ と表される。

素因数分解の一意性より，p は a と b の公約数である。

したがって，a と b は互いに素ではない。

よって，対偶が示されたから，a と b が互いに素であるならば，a^2 と b^2 は互いに素であることが示された。

ゆえに，2つの自然数 a，b に対して，a^2 と b^2 が互いに素であるための必要十分条件は a と b が互いに素であることである。　終

[参考] a，b の素因数分解をそれぞれ $a = p_1 p_2 \cdots p_m$，$b = q_1 q_2 \cdots q_n$（p_1，p_2，…，p_m，q_1，q_2，…，q_n は素数）とすると，$a^2 = p_1^2 p_2^2 \cdots p_m^2$，$b^2 = q_1^2 q_2^2 \cdots q_n^2$ であるから，a，a^2，b，b^2 の素因数分解で異なる素因数の集合をそれぞれ A，A'，B，B' とすると，$A = A'$，$B = B'$ である。このことを使って証明することもできる。

[注意] 例題9の結果は，本書では今後証明なしで使うことにする。

例題10　互いに素であることの証明②
　k, n を自然数とするとき，n と $kn+1$ は互いに素であることを証明せよ。

解説　互いに素であることを直接証明することは困難なので，間接的に証明する背理法を利用する。すなわち，互いに素でないとすると仮定に反することを示す。互いに素でないということは，1でない公約数 g が存在するということである。

証明　n と $kn+1$ が互いに素でないと仮定すると，1でない公約数 g $(g≧2)$ が存在し，自然数 a, b を用いて，
$$n=ga \quad \cdots\cdots ①, \qquad kn+1=gb \quad \cdots\cdots ② \quad \text{と表される。}$$
①を②に代入して，
$$kga+1=gb$$
よって，$g(b-ka)=1$
$g, b-ka$ はともに整数であり $g>0$ であるから，
$$g=1, \qquad b-ka=1$$
これは，$g≧2$ に反する。
ゆえに，n と $kn+1$ は互いに素である。　　■

注意　例題 10 の結果は，本書では今後証明なしで使うことにする。

参考　$k=1$ とすると，「n と $n+1$ は互いに素である」となる。すなわち，「連続する2つの自然数は互いに素である」となる。このことは覚えておくとよい。

演習問題

20　a, b を自然数とする。a と b が互いに素であるための必要十分条件は $a+b$ と ab が互いに素であることを証明せよ。

（注）　このことも覚えておくとよい。演習問題 20 の結果は，本書では今後証明なしで使うことにする。また，$a=n, b=1$ とすると，例題 10 の参考と同じになる。

●** オイラー関数

たとえば，120 以下の自然数で，120 と互いに素であるものの個数を求めてみよう。

120 を素因数分解すると，
$$120=2^3×3×5 \quad \text{である。}$$
偶数（2の倍数）は全体の $\dfrac{1}{2}$ であり，偶数でないものは全体の $1-\dfrac{1}{2}$ であるから，偶数でないものの個数は，
$$120×\left(1-\dfrac{1}{2}\right) \text{個,}$$

偶数でないものの中で、3 の倍数はその $\frac{1}{3}$ であり、3 の倍数でないものはその $1-\frac{1}{3}$ であるから、偶数でも 3 の倍数でもないものの個数は、

$$120 \times \left(1-\frac{1}{2}\right)\left(1-\frac{1}{3}\right) \text{個},$$

偶数でも 3 の倍数でもないものの中で、5 の倍数はその $\frac{1}{5}$ であり、5 の倍数でないものはその $1-\frac{1}{5}$ であるから、偶数でも 3 の倍数でも 5 の倍数でもないものの個数は、

$$120 \times \left(1-\frac{1}{2}\right)\left(1-\frac{1}{3}\right)\left(1-\frac{1}{5}\right) \text{個}$$

となり、120 以下の自然数で、120 と互いに素であるものの個数は 32 個となる。

一般に、自然数 n を素因数分解して、

$$n = p_1^{a_1} p_2^{a_2} \cdots p_k^{a_k}$$

と表されるとき、n 以下の自然数で、n と互いに素である自然数の個数を $\varphi(n)$ とすると、

$$\varphi(n) = n\left(1-\frac{1}{p_1}\right)\left(1-\frac{1}{p_2}\right)\cdots\left(1-\frac{1}{p_k}\right) \quad \cdots\cdots\text{①}$$

となる。このとき、$\varphi(n)$ を**オイラー関数**という。*

オイラー関数には、次の性質（→p.120）がある。

(1) p が素数であるとき、
$$\varphi(p) = p-1$$
(2) p が素数であり、k を自然数とするとき、
$$\varphi(p^k) = p^k - p^{k-1} = p^k\left(1-\frac{1}{p}\right)$$
(3) p, q が異なる素数であるとき、
$$\varphi(pq) = (p-1)(q-1) = pq\left(1-\frac{1}{p}\right)\left(1-\frac{1}{q}\right) = \varphi(p)\varphi(q)$$
(4) 自然数 a と b が互いに素であるとき、
$$\varphi(ab) = \varphi(a)\varphi(b)$$

①のオイラー関数 $\varphi(n)$ の式は、上の性質(1)～(4)を使って証明できる。

---

* φ はギリシャ文字で「ファイ」と読む。

演習問題

21 自然数 n について，1 から n までの自然数で，n と互いに素であるものの個数を $\varphi(n)$ とするとき，次の問いに答えよ。
(1) 次の $\varphi(n)$ の値を求めよ。
① $\varphi(17)$　　② $\varphi(32)$　　③ $\varphi(360)$
(2) $\varphi(pq)=24$ となる 2 つの素数 p，q の組をすべて求めよ。ただし，$p<q$ とする。

22 分母が 210 である 1 以下の正の既約分数はいくつあるか。

コラム　自然数の定義

現代の数学において，自然数の満たすべき性質（自然数の公理）を発表したのは，イタリアの数学者ペアノです。ペアノの定めた自然数の公理はペアノの公理系とよばれています。

ペアノの公理系では，自然数 N は次のような公理を満たすものと定められています。

(1) 最初の数 1 が存在する。
　　　$1 \in N$
(2) 次の数が存在する。
　　　$a \in N$ のとき，
　　　a の次の数（$a+1$ と書く）があり，$a+1 \in N$ である。
(3) 次の数は 1 つに限る。
　　　a，$b \in N$ のとき，$a=b \iff a+1=b+1$
(4) 1 より前の自然数は存在しない。
(5) 1 がある性質を満たし，a がその性質を満たし，その次の数 $a+1$ もその性質を満たすとき，すべての自然数はその性質を満たす（数学的帰納法の原理）。

ペアノの『算術の原理』では，$1+1=2$（1 の次の数を 2 と書く）を定義とし，$2 \in N$（2 は自然数である）を定理として，証明を与えています。

ペアノ

3章 除法の性質

1 除法の原理

整数の加法，減法，乗法とそれに関連したことがらについては，これまでに学んだ。3章では，除法について学ぶ。その際に重要となるのは，次の式である。

$$（割られる数）＝（割る数）\times（商）+（余り）$$

● 除法の原理

たとえば，25 を 7 で割ると商は 3，余りは 4 であり，この関係を式で書くと，
$$25=7\times 3+4$$
となる。商 3 は，余り 4 が割る数 7 より小さい 0 以上の整数であるように求められている。

負の数も含めた整数を正の整数で割る場合も，自然数を自然数で割る割り算と同じように考えることにすると，次のことが成り立つ。

> **●除法の原理**
> 整数 a と正の整数 b に対して，
> $$a=bq+r, \qquad 0\leqq r<b$$
> を満たす整数 q と r がただ 1 通りに定まる。

除法の原理の証明は，研究（→p.116）で行う。

この式において，q を，a を b で割ったときの**商**といい，r を**余り**という。$r=0$ のとき，a は b で**割り切れる**といい，$r\neq 0$ のとき，a は b で**割り切れない**という。

たとえば，-25 を 7 で割ると，
$$-25=7\times(-4)+3$$
であるから，商は -4，余りは 3 である。

問1 次の整数 a, b について，a を b で割ったときの商と余りを求めよ。
(1) $a=47$, $b=3$ (2) $a=-47$, $b=3$ (3) $a=468$, $b=5$
(4) $a=-468$, $b=5$ (5) $a=14$, $b=23$ (6) $a=-14$, $b=23$

問2 200 より大きい自然数を 17 で割ったとき，商と余りが等しくなるような自然数は全部で何個あるか。

例題1　除法の原理の応用①

m, n を正の整数とする。n を m で割ると 7 余り，$n+13$ は m で割り切れる。このとき，m の値をすべて求めよ。

|解説|　n を m で割ると 7 余るから商を k とすると，除法の原理より，$n=mk+7$ と表される。一方，$n+13$ は m で割り切れるから整数 l を用いて，$n+13=ml$ と表される。この 2 式から n を消去して，（文字式）＝（整数），すなわち $m(l-k)=20$ を導き，考えられる m の値を求める。

また，余りが 7 となることから，割る数 m について，$m>7$ であることにも注意する。

|解答|　n を m で割ると 7 余るから，商を k とすると，
$$n=mk+7$$ と表される。

一方，$n+13$ は m で割り切れるから，整数 l を用いて，
$$n+13=ml$$ と表される。

この 2 式より，$(mk+7)+13=ml$

よって，$\quad m(l-k)=20$

$l-k$ は整数であるから，m は 20 の約数である。

また，$m>7$ であるから，
$$m=10, \ 20$$

演習問題

1　m, n を正の整数とする。n を m で割ると 2 余り，$n-11$ を m で割ると 5 余る。このとき，m の値をすべて求めよ。

2　$n+2$ が 3 の倍数であるとき，$7n+4$ を 3 で割ったときの余りを求めよ。

3　a, b を正の整数とする。a を 13 で割ると商が b，余りが 10 である。また，b を 11 で割ると余りが 7 である。このとき，a を 11 で割ったときの余りを求めよ。

例題2　除法の原理の応用②

正の整数 n を 3 で割ると 2 余り，7 で割ると 6 余る。

(1)　このような n の中で最小のものを求めよ。

(2)　さらに，n を 11 で割ると 5 余るとき，このような n の中で最小のものを求めよ。

|解説|　(1)　n は，整数 x, y を用いて，$n=3x+2$, $n=7y+6$ と表される。この 2 式から n を消去して，x, y の関係式をつくる。

(2) (1)の結果 $n=21k-1$（k は整数）を，11 で割った除法の原理の式，すなわち，$n=11\times$(商)$+$(余り) の形に変形する（余りは正で 11 未満）。余りが 5 であることから k の値が求められる。

また，別解 1 のように，割る数と余りの関係に着目することもできる。$n=3x+2$, $n=7y+6$ であるから，n を 3 で割っても 7 で割っても，ともに余りが割る数より 1 小さい，すなわち，n に 1 を加えた数 $n+1$ は 3 の倍数であり，7 の倍数でもある。21 で割って 20 余る数を小さい順に列挙すると，11 で割って 5 余る最小の数は求められる。

さらに，別解 2 のように，21 と 11 が互いに素であることを利用して求めることもできる。$21\times(-1)+11\times 2=1$ であるから，この式の両辺に 6 を掛けて，$21\times(-6)+11\times 12=6$ であることを利用する。

[解答] (1) n は，整数 x, y を用いて，
$$n=3x+2, \quad n=7y+6$$
と表される。
この 2 式より，$3x+2=7y+6$
両辺に 1 を加えて，
$$3x+3=7y+7 \quad 3(x+1)=7(y+1)$$
3 と 7 は互いに素であるから，$x+1$ は 7 の倍数である。
よって，整数 k を用いて，
$$x+1=7k$$
と表される。
$x=7k-1$ より，$n=3x+2=3(7k-1)+2=21k-1$
n が最小の正の整数となるのは，$k=1$ のときである。
ゆえに，$n=21\times 1-1=20$

(2) (1)より，$n=21k-1=11(2k-1)+10-k$
n が 11 で割ると 5 余る最小の正の整数となるのは，$k=5$ のときである。
ゆえに，$n=21\times 5-1=104$

[別解1] n は，整数 x, y を用いて，
$$n=3x+2, \quad n=7y+6$$
と表される。
よって，$n+1=3x+3=3(x+1)$
$n+1=7y+7=7(y+1)$
したがって，$n+1$ は，3 の倍数であり 7 の倍数でもあるから，3 と 7 の最小公倍数 21 の倍数である。
よって，n は 21 の倍数から 1 を引いて得られる正の整数であるから，
$$n=20,\ 41,\ 62,\ 83,\ 104,\ \cdots$$
(1) 最小のものは，20
(2) 11 で割ると 5 余る最小のものは，104

[別解2] (1) n は，整数 x, y を用いて，
$$n = 3x+2, \qquad n = 7y+6$$
と表される。
この 2 式より，$3x+2 = 7y+6 \qquad 3x-7y = 4 \qquad 3x-3y = 4y+4$
$$3(x-y) = 4(y+1)$$
3 と 4 は互いに素であるから，$y+1$ は 3 の倍数である。
よって，整数 k を用いて，
$$y+1 = 3k$$
と表される。
$y = 3k-1$ より，$n = 7y+6 = 7(3k-1)+6 = 21k-1$ ……… ①
n が最小の正の整数となるのは，$k=1$ のときである。
ゆえに，$\qquad n = 21 \times 1 - 1 = 20$

(2) n は，整数 l を用いて，
$$n = 11l + 5$$
と表される。
これと①より，$21k - 1 = 11l + 5 \qquad 21k - 11l = 6$ ……… ②
$\qquad\qquad\qquad 21 \times (-6) - 11 \times (-12) = 6 \qquad$ ……… ③
②−③ より，$21(k+6) - 11(l+12) = 0$
$$21(k+6) = 11(l+12)$$
21 と 11 は互いに素であるから，$l+12$ は 21 の倍数である。
よって，整数 m を用いて，
$$l + 12 = 21m$$
と表される。
$l = 21m - 12$ より，
$$n = 11l + 5 = 11(21m - 12) + 5 = 231m - 127$$
n が最小の正の整数となるのは，$m=1$ のときである。
ゆえに，$\qquad n = 231 \times 1 - 127 = 104$

演習問題

4 3 で割ると 2 余り，5 で割ると 4 余り，7 で割ると 6 余る正の整数のうちで，2000 に最も近いものを求めよ。

5 3 で割ると 2 余り，5 で割ると 3 余り，11 で割ると 9 余る正の整数のうちで，1000 を超えない最大のものを求めよ。

余りの性質

2つの整数 -8, -19 を5で割った余りをそれぞれ考えてみよう。
$$-8 = 5 \times (-2) + 2$$
$$-19 = 5 \times (-4) + 1$$
であるから, -8 を5で割った余りは 2, -19 を5で割った余りは 1 である。

ここで, $(-8)+(-19)=-27$ を5で割った余りは,
$$-27 = 5 \times (-6) + 3$$
より 3 である。これは, -8 を5で割った余り 2 と, -19 を5で割った余り 1 の和 $2+1$ と等しい。また, $(-8)-(-19)=11$ を5で割った余りは,
$$11 = 5 \times 2 + 1$$
より 1 である。これは, -8 を5で割った余り 2 と, -19 を5で割った余り 1 の差 $2-1$ と等しい。さらに, $(-8)\times(-19)=152$ を5で割った余りは,
$$152 = 5 \times 30 + 2$$
より 2 である。これは, -8 を5で割った余り 2 と, -19 を5で割った余り 1 の積 2×1 と等しい。

このように, 2つの整数を同じ正の整数 m で割ったとき, 余りの和, 差, 積は, もとの整数の和, 差, 積を m で割った余りとそれぞれ等しいことが予想される。このことを, 一般的に考えてみよう。

2つの整数 a, a' を正の整数 m で割ったときの余りをそれぞれ r, r' とすると,
$$a = mq + r \quad (q \text{ は整数})$$
$$a' = mq' + r' \quad (q' \text{ は整数})$$
と表される。

ここで,
$$a + a' = (mq+r)+(mq'+r') = m(q+q') + r + r'$$
$$a - a' = (mq+r)-(mq'+r') = m(q-q') + r - r'$$
$$aa' = (mq+r)(mq'+r') = m^2qq' + m(qr'+q'r) + rr'$$
$$= m(mqq'+qr'+q'r) + rr'$$

であるから, $a+a'$, $a-a'$, aa' を m で割ったときの余りは, それぞれ $r+r'$, $r-r'$, rr' を m で割ったときの余りに等しいことがわかる。

例 $a=11$, $a'=8$ とし, a, a' を3で割った余りをそれぞれ r, r' とすると, $r=2$, $r'=2$ である。

$a+a'=19$ を3で割った余りは 1, $r+r'=4$ を3で割った余りも 1 である。
$a-a'=3$ を3で割った余りは 0, $r-r'=0$ を3で割った余りも 0 である。
$aa'=88$ を3で割った余りは 1, $rr'=4$ を3で割った余りも 1 である。

- **●余りの性質1**

2つの整数 a, a' を正の整数 m で割ったときの余りをそれぞれ r, r' とする。
(1) $a+a'$ を m で割った余りは，$r+r'$ を m で割った余りと等しい。
(2) $a-a'$ を m で割った余りは，$r-r'$ を m で割った余りと等しい。
(3) aa' を m で割った余りは，rr' を m で割った余りと等しい。

問3 $a=4683$, $b=5392$ とするとき，次の問いに答えよ。
(1) a, b を13で割った余りをそれぞれ求めよ。
(2) $a+b$ を13で割った余りを求めよ。
(3) $a-b$ を13で割った余りを求めよ。
(4) ab を13で割った余りを求めよ。

例題3　累乗を割った余り

83^5 を9で割った余りを求めよ。

解説　$83\times83\times83\times83\times83$ を計算するのは大変である。そこで，余りの性質1の(3)「aa' を m で割った余りは，rr' を m で割った余りと等しい」を利用する。すなわち，$83=9\times9+2$ より，83を9で割った余りは2である。ここで，$a=83$, $a'=83$ とすると，83×83 を9で割った余りは 2×2 を9で割った余りとなる。これを繰り返すことで，$83\times83\times83$（$=83^3$）を9で割った余りは $2\times2\times2$（$=2^3$）を9で割った余りと等しくなり，83^5 を9で割った余りは 2^5 を9で割った余りと等しくなる。

解答　　　　　$83=9\times9+2$

よって，83を9で割った余りは2であり，83^5 を9で割った余りは 2^5 を9で割った余りと等しい。

$$2^5=32=9\times3+5$$

ゆえに，83^5 を9で割った余りは5である。

一般に，余りの性質1の(3)において，$a'=a$ とするとき，

a^2 を m で割った余りは，r^2 を m で割った余りと等しい。

となる。

さらに，$a'=a^2$ とするとき，

a^3 を m で割った余りは，r^3 を m で割った余りと等しい。

となる。

これを繰り返すことにより，次のことが成り立つ．

----●余りの性質2 ----
整数 a を正の整数 m で割ったときの余りを r とする．
(4) a^n を m で割った余りは，r^n を m で割った余りと等しい．

演習問題

6　972^6 を 17 で割った余りを求めよ．

0 は自然数？

大学の教科書や外国の教科書には，自然数の集合 N を $N=\{0, 1, 2, 3, \cdots\}$ と書いているものがあります．つまり，0 を自然数としているのです．55 ページのペアノの公理系を見ると，0 を「最初の数」としても全く不都合がありません．

現代の数学では，0 を自然数に入れた方が都合のよい分野と，0 を入れない方が都合のよい分野があり，それぞれの論文・本で使い分けています．混乱を避けるために，0 から始まるときは非負整数（non-negative integer），1 から始まるときは正の整数（positive integer）ということもあります．日本の中学校や高校の教科書では，正の整数を自然数ということになっています．

ローマ数字

いまでも，時計の文字盤などに，1，2，3 の代わりに，ローマ数字を用いて，I，II，III などと書かれていることがあります．ローマ数字で用いる文字は I，V，X，L，C，D，M の 7 個であり，それぞれ 1，5，10，50，100，500，1000 を表します．

ローマ記数法では，3 は III，30 は XXX，300 は CCC，3000 は MMM などのように，$1 \times n$ から $3 \times n$（$n=1, 10, 100, 1000$）までは同じ文字を並べ，4 は IV（5−1），9 は IX（10−1），40 は XL（50−10），60 は LX（50+10），90 は XC（100−10）のように表します．たとえば，1964 は MCMLXIV となり，十進法に慣れた私たちには，M，CM，LX，IV と区切りを入れないと読みにくいものです．また，I，V，X，L，C，D，M を使って表すことのできる最大の数は 3999（MMMCMXCIX）で，それ以上の数の表記については，さまざまな方法があり統一されていません．

2★ ガウス記号と絶対値最小剰余

 2節では，実数 x に対して，x を超えない最大の整数を表すガウス記号を使った問題について学ぶ。また，負の数も含めた除法においては，除法の原理の余りとは異なる「余り」を考えることができる。この「余り」を絶対値最小剰余という。通常の余りより，絶対値最小剰余の方が計算が容易になることもある。

● ★ ガウス記号

 実数 x に対して，x を超えない最大の整数を $[x]$ と表すことにする。この記号 $[\ ]$ を**ガウス記号**という。定義より，次のことが成り立つ。

$$[x] = n \iff n \leq x < n+1$$

 たとえば，$3 < \pi < 4$ であるから，$[\pi] = 3$ であり，$1 < \sqrt{3} < 2$ であるから，$[\sqrt{3}] = 1$ である。このように，x が正の数であるとき，$[x]$ は x の整数部分を表す。一方，$-4 < -\pi < -3$ であるから，$[-\pi] = -4$ である。したがって，一般に，$[-x] = -[x]$ は成り立たない。

例 $4 < \dfrac{25}{6} < 5$ であるから，$\left[\dfrac{25}{6}\right] = 4$

$-5 < -\dfrac{25}{6} < -4$ であるから，$\left[-\dfrac{25}{6}\right] = -5$

 この例で見るように，$\left[\dfrac{25}{6}\right]$ は 25 を 6 で割ったときの商であり，$\left[-\dfrac{25}{6}\right]$ は -25 を 6 で割ったときの商である。

 除法の原理により，整数 a と正の整数 b に対して，

$$a = bq + r, \qquad 0 \leq r < b$$

を満たす整数 q と r がただ 1 通りに定まる。$0 \leq r < b$ より，

$$bq \leq a < b(q+1)$$

となるから，

$$q \leq \dfrac{a}{b} < q + 1$$

よって，　　$\left[\dfrac{a}{b}\right] = q$

となる。したがって，分数にガウス記号がついた数は，その分数の分子を分母で割ったときの商と等しい。

問 4 次の数を求めよ。
(1) $[9.8]$ (2) $[-9.8]$ (3) $[10\pi]$ (4) $10[\pi]$
(5) $[-10\pi]$ (6) $-10[\pi]$ (7) $[\sqrt{70}]$ (8) $[-\sqrt{70}]$
(9) $\left[\dfrac{97}{5}\right]$ (10) $\left[-\dfrac{97}{5}\right]$ (11) $\left[\dfrac{468}{3}\right]$ (12) $\left[-\dfrac{468}{3}\right]$

例題4　ガウス記号とグラフ

次の問いに答えよ。

(1) $\left[-\dfrac{x}{3}\right]=2$ となる x の値の範囲を求めよ。

(2) 関数 $y=\left[-\dfrac{x}{3}\right]$ $(-9<x\leqq 9)$ のグラフをかけ。

(3) 方程式 $\left[-\dfrac{x}{3}\right]=x+5$ の解を求めよ。

解説 ガウス記号のまま計算することは困難なので，ガウス記号を使わずに式で表す。その際，$[x]=n \iff n\leqq x<n+1$ であることを利用する。

(1) $\left[-\dfrac{x}{3}\right]=2 \iff 2\leqq -\dfrac{x}{3}<3$ である。

(2) $-9<x\leqq 9$ のとき，$\left[-\dfrac{x}{3}\right]=-3, -2, -1, 0, 1, 2$ となる。グラフをかくときは端点に注意する。

(3) 2つの関数 $y=\left[-\dfrac{x}{3}\right]$ と $y=x+5$ のグラフの交点を求める。

また，別解のように，$\left[-\dfrac{x}{3}\right]$ が整数であり，$x+5$ も整数であるから，

$\left[-\dfrac{x}{3}\right]=x+5 \iff x+5\leqq -\dfrac{x}{3}<(x+5)+1$ であることを利用してもよい。

解答 (1) $\left[-\dfrac{x}{3}\right]=2 \iff 2\leqq -\dfrac{x}{3}<3$

　　　　ゆえに，$-9<x\leqq -6$

(2) $\left[-\dfrac{x}{3}\right]=-3, -2, -1, 0, 1, 2$ のときの x の値の範囲を求めると，

$\left[-\dfrac{x}{3}\right]=-3 \iff -3\leqq -\dfrac{x}{3}<-2 \iff 6<x\leqq 9$

$\left[-\dfrac{x}{3}\right]=-2 \iff -2\leqq -\dfrac{x}{3}<-1 \iff 3<x\leqq 6$

$\left[-\dfrac{x}{3}\right]=-1 \iff -1\leqq -\dfrac{x}{3}<0 \iff 0<x\leqq 3$

$$\left[-\frac{x}{3}\right]=0 \iff 0\leqq -\frac{x}{3}<1 \iff -3<x\leqq 0$$

$$\left[-\frac{x}{3}\right]=1 \iff 1\leqq -\frac{x}{3}<2 \iff -6<x\leqq -3$$

$$\left[-\frac{x}{3}\right]=2 \iff 2\leqq -\frac{x}{3}<3 \iff -9<x\leqq -6$$

となる。グラフは右の図のようになる。

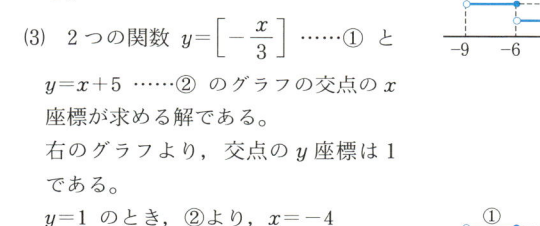

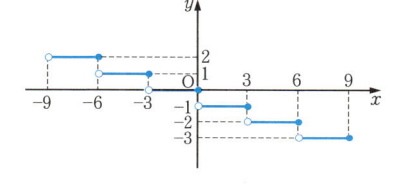

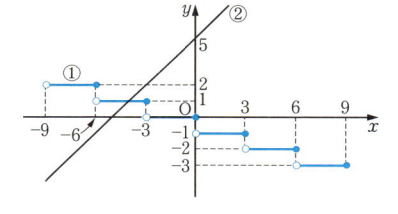

(3) 2つの関数 $y=\left[-\dfrac{x}{3}\right]$ ……① と

$y=x+5$ ……② のグラフの交点の x 座標が求める解である。

右のグラフより，交点の y 座標は 1 である。

$y=1$ のとき，②より，$x=-4$

別解 (3) $\qquad x+5\leqq -\dfrac{x}{3}<(x+5)+1$

各辺に -3 を掛けて，
$$-3x-18<x\leqq -3x-15$$

各辺に $3x$ を加えて，
$$-18<4x\leqq -15$$

各辺を 4 で割って，
$$-\frac{9}{2}<x\leqq -\frac{15}{4}$$

x は整数であるから，
$$x=-4$$

注意 (2)のグラフの ● はその点を含むことを表し，○ はその点を含まないことを表す。

参考 (2)のように，ガウス記号を使って表される関数のグラフは階段状になる。

演習問題

7 次の問いに答えよ。

(1) $\left[\dfrac{2x}{5}\right]=8$ となる x の値の範囲を求めよ。

(2) 関数 $y=\left[\dfrac{2x}{5}\right]$ のグラフをかけ。

(3) 方程式 $\left[\dfrac{2x}{5}\right]=9-x$ の解を求めよ。

例題5　階乗の素因数

50! が 2^m で割り切れるような整数 m の最大値を求めよ。

解説　n を自然数として，$n!$ は 1 から n までの自然数をすべて掛けたもの，すなわち $n! = n \times (n-1) \times (n-2) \times \cdots \times 3 \times 2 \times 1$ である。

$50! = 50 \times 49 \times 48 \times \cdots \times 3 \times 2 \times 1$ であるから，1 から 50 までの自然数の中で，2 の倍数，2^2 の倍数，$\cdots$，2^5 の倍数の個数の和を求めればよい。1 から 50 までの自然数の中で，2 の倍数の個数は $\left[\dfrac{50}{2}\right]$，$2^2$ の倍数の個数は $\left[\dfrac{50}{2^2}\right]$，$2^3$ の倍数の個数は $\left[\dfrac{50}{2^3}\right]$，$\cdots$ である。

	1	2	$\cdots$	4	$\cdots$	6	$\cdots$	8	$\cdots$	10	$\cdots$	12	$\cdots$	14	$\cdots$	16	$\cdots\cdots$	32	$\cdots$
2 の倍数		○		○		○		○		○		○		○		○		○	
2^2 の倍数				○				○				○				○		○	
2^3 の倍数								○								○		○	
2^4 の倍数																○		○	
2^5 の倍数																		○	

解答　1 から 50 までの自然数の中で，

2 の倍数の個数は，$\left[\dfrac{50}{2}\right] = 25$　　2^2 の倍数の個数は，$\left[\dfrac{50}{2^2}\right] = 12$

2^3 の倍数の個数は，$\left[\dfrac{50}{2^3}\right] = 6$　　2^4 の倍数の個数は，$\left[\dfrac{50}{2^4}\right] = 3$

2^5 の倍数の個数は，$\left[\dfrac{50}{2^5}\right] = 1$

ゆえに，整数 m の最大値は，$m = 25 + 12 + 6 + 3 + 1 = 47$

参考　n 以下の自然数の中で，m の倍数の個数は $\left[\dfrac{n}{m}\right]$ で表される。

また，一般に，n を自然数，p を素数とするとき，$n!$ が p^m で割り切れるような最大の整数 m は，

$$m = \left[\dfrac{n}{p}\right] + \left[\dfrac{n}{p^2}\right] + \left[\dfrac{n}{p^3}\right] + \cdots$$

演習問題

8　$100!$ を素因数分解して，$100! = 2^l 3^m 5^n \cdots$ と表したとき，3 の指数 m を求めよ。ただし，l, m, n は正の整数である。

9　$200!$ を計算すると，末尾には 0 が連続していくつ並ぶか。

★ 絶対値最小剰余

a を整数，b を正の整数とする。ガウス記号を利用して，$\left[\dfrac{a}{b}\right]=q$ とすると，q は $\dfrac{a}{b}$ を超えない整数のうち $\dfrac{a}{b}$ に最も近いものである。$\left[\dfrac{a}{b}\right]$ は，「$\dfrac{a}{b}$ を超えない」という条件を含んでいるが，この条件を含めず $\dfrac{a}{b}$ に最も近い整数 q' を考えることもできる。

たとえば，-33 を 8 で割るとき，除法の原理により，
$$-33 = 8 \times (-5) + 7$$
であるから，商は $\left[\dfrac{-33}{8}\right]=-5$，余りは 7 である。一方，$\dfrac{-33}{8}$ $(=-4.125)$ に最も近い整数 -4 を用いて，
$$-33 = 8 \times (-4) + (-1)$$
と考えることもできる。

一般に，a を整数，b を正の整数とするとき，
$$\left|\dfrac{a}{b}-q'\right| \leqq \dfrac{1}{2}$$
となる整数 q' が存在する。ここで，$r'=a-bq'$ とおくと，
$$|r'|=|a-bq'|=b\left|\dfrac{a}{b}-q'\right| \qquad \text{よって，}\ |r'| \leqq \dfrac{1}{2}b$$
すなわち，$\qquad a=bq'+r', \qquad |r'| \leqq \dfrac{1}{2}b$

となる q' と r' が存在する。この r' を，a を b で割ったときの**絶対値最小剰余**という。*

この絶対値最小剰余 r' と区別するために，除法の原理
$$a=bq+r, \qquad 0 \leqq r < b$$
の余り r を，a を b で割ったときの**最小正剰余**ということがあるが，本書では今後最小正剰余のことを余りという。**

a を b で割ったときの余りはただ 1 通り存在するが，a を b で割ったときの絶対値最小剰余は 1 通りとは限らず，2 通り存在することもある。

例 $a=-33$，$b=8$ のとき，$-33=8\times(-4)+(-1)=8\times(-5)+7$ となり，-33 を 8 で割ったときの絶対値最小剰余は -1 であり，余りは 7 である。

---

* 絶対最小剰余ということもある。
** 最小非負剰余ということもある。

例 $a=-21$, $b=6$ のとき, $-21=6\times(-3)+(-3)=6\times(-4)+3$ となり, -21 を 6 で割ったときの絶対値最小剰余は -3 と 3 であり, 余りは 3 である。

例 $a=-28$, $b=6$ のとき, $-28=6\times(-5)+2$ となり, -28 を 6 で割ったときの絶対値最小剰余は 2 であり, 余りも 2 である。

問5 次の a, b について, a を b で割ったときの絶対値最小剰余を求めよ。
(1) $a=-50$, $b=7$ (2) $a=-53$, $b=7$ (3) $a=-52$, $b=8$
(4) $a=2$, $b=12$ (5) $a=10$, $b=12$ (6) $a=6$, $b=12$

-33 を 8 で割ったときの絶対値最小剰余は -1 であるが, 絶対値最小剰余 -1 を 8 で割ったときの余りは,
$$-1=8\times(-1)+7$$
であるから, もとの数 -33 を 8 で割ったときの余りと一致する。

一般に, 整数 a を正の整数 m で割ったときの余りを r, 絶対値最小剰余を r' とすると,
$$a=mq+r=mq'+r' \quad (q, q' \text{ は整数})$$
より, $$r'=m(q-q')+r$$
となるから, a を m で割ったときの余りと, r' を m で割ったときの余りは一致する。

また, 2 つの整数の和, 差, 積の余りと, 2 つの絶対値最小剰余の和, 差, 積の余りは一致する。このことを, 和, 積の場合で証明してみよう。

証明 2 つの整数 a_1, a_2 を正の整数 m で割ったときの余りをそれぞれ r_1, r_2, 絶対値最小剰余をそれぞれ r_1', r_2' とすると,
$$a_1=mq_1+r_1=mq_1'+r_1' \quad (q_1, q_1' \text{ は整数})$$
$$a_2=mq_2+r_2=mq_2'+r_2' \quad (q_2, q_2' \text{ は整数})$$
と表される。

(和の場合) $a_1+a_2=(mq_1+r_1)+(mq_2+r_2)$
$\qquad\qquad\quad =m(q_1+q_2)+r_1+r_2 \qquad$ ………①
$\qquad a_1+a_2=(mq_1'+r_1')+(mq_2'+r_2')$
$\qquad\qquad\quad =m(q_1'+q_2')+r_1'+r_2'$
よって, $m(q_1+q_2)+r_1+r_2=m(q_1'+q_2')+r_1'+r_2'$
ゆえに, $r_1'+r_2'=m\{(q_1+q_2)-(q_1'+q_2')\}+r_1+r_2$ ………②
①, ②より, a_1+a_2 を m で割ったときの余りと, $r_1'+r_2'$ を m で割ったときの余りは一致する。 ■

(積の場合)　$a_1 a_2 = (mq_1 + r_1)(mq_2 + r_2)$
$\qquad\qquad\quad = m(mq_1 q_2 + q_1 r_2 + q_2 r_1) + r_1 r_2$ ……③
$\qquad\quad a_1 a_2 = (mq_1' + r_1')(mq_2' + r_2')$
$\qquad\qquad\quad = m(mq_1' q_2' + q_1' r_2' + q_2' r_1') + r_1' r_2'$

よって，$m(mq_1 q_2 + q_1 r_2 + q_2 r_1) + r_1 r_2 = m(mq_1' q_2' + q_1' r_2' + q_2' r_1') + r_1' r_2'$

ゆえに，$r_1' r_2' = m\{(mq_1 q_2 + q_1 r_2 + q_2 r_1) - (mq_1' q_2' + q_1' r_2' + q_2' r_1')\} + r_1 r_2$
　　　　　　　　　　　　　　　　　　　　　　　　　　　　　　　……④

③，④より，$a_1 a_2$ を m で割ったときの余りと，$r_1' r_2'$ を m で割ったときの余りは一致する。　終

例　2つの整数 a, b を 47 で割ったときの余りが，それぞれ 43, 45 である。このとき，ab を 47 で割ったときの余りを求めると，

$\qquad a$ を 47 で割ったときの絶対値最小剰余は -4，
$\qquad b$ を 47 で割ったときの絶対値最小剰余は -2

であるから，$(-4) \times (-2) = 8$ より，ab を 47 で割ったときの余りは 8 である。

例題6　絶対値最小剰余の利用

55^6 を 29 で割ったときの余りを求めよ。

[解説]　55 を 29 で割ると，$55 = 29 \times 1 + 26 = 29 \times 2 + (-3)$ であるから，余りは 26，絶対値最小剰余は -3 である。55^6 を 29 で割ったときの余りと，$(-3)^6$ を 29 で割ったときの余りは一致する。

この問題のように，余りが大きく計算しにくいときは，絶対値最小剰余で計算するとよい。

[解答]　　　　　$55 = 29 \times 2 + (-3)$

よって，55 を 29 で割ったときの絶対値最小剰余は -3 である。

$\qquad\qquad (-3)^3 = -27 = 29 \times (-1) + 2$

よって，$(-3)^3$ を 29 で割ったときの余りは 2 である。

したがって，55^3 を 29 で割ったときの余りは 2 である。

$55^6 = 55^3 \times 55^3$ であるから，55^6 を 29 で割ったときの余りは

$\qquad\qquad 2 \times 2 = 4$

ゆえに，55^6 を 29 で割ったときの余りは 4 である。

[参考]　合同式（→p.91）を使うと，簡潔な答案になる。

演習問題

10　29^{30} を 31 で割ったときの余りを求めよ。

3 余りによる整数の分類

正の整数 m が与えられたとき、すべての整数 n は m で割ったときの余り r によって分類することができる。とくに $m=2$ とするとき、$r=0$ のとき n は偶数であり、$r=1$ のとき n は奇数である。このように、整数を分類することにより、整数に関するさまざまな性質がわかってくる。

● 余りによる整数の分類

たとえば、すべての整数を 7 で割ったときの余りを考えてみよう。整数 n を 7 で割ったときの余りは 0, 1, 2, 3, 4, 5, 6 のいずれかであるから、n は、整数 k を用いて、
$$n=7k,\ \ 7k+1,\ \ 7k+2,\ \ 7k+3,\ \ 7k+4,\ \ 7k+5,\ \ 7k+6$$
のいずれかの形で表される。

このように、正の整数 m が与えられたとき、すべての整数 n は、m で割ったときの余り 0, 1, 2, $\cdots$, $m-1$ によって、
$$\boldsymbol{n=mk,\ \ mk+1,\ \ \cdots,\ \ mk+(m-1)} \quad \cdots\cdots\cdots ①$$
のいずれかの形で表される。

また、絶対値最小剰余を使うと、すべての整数 n は 7 で割ったときの絶対値最小剰余によって、
$$n=7k-3,\ \ 7k-2,\ \ 7k-1,\ \ 7k,\ \ 7k+1,\ \ 7k+2,\ \ 7k+3$$
と表すこともできる。

とくに、上の①で、$m=2$ のとき n は $n=2k$, $2k+1$ のいずれかの形であり、$n=2k$ のとき n は偶数であり、$n=2k+1$ のとき n は奇数である。また、奇数は $n=2k-1$ の形でもよい。たとえば、-10 は $-10=2\times(-5)$ であるから偶数であり、-9 は $-9=2\times(-5)+1$ であるから奇数である。また、$-9=2\times(-4)-1$ と考えてもよい。

これらの分類を使って、整数に関するさまざまな性質を証明することができる。たとえば、2 つの奇数の積は奇数であることを証明しよう。

[証明] 2 つの奇数を a, b とすると、整数 k_1, k_2 を用いて、
$$a=2k_1+1,\ b=2k_2+1 \quad \text{と表される。}$$
よって、$ab=(2k_1+1)(2k_2+1)=4k_1k_2+2k_1+2k_2+1=2(2k_1k_2+k_1+k_2)+1$
$2k_1k_2+k_1+k_2$ は整数であるから、ab は奇数である。　■

問6 次のことを証明せよ。
(1) 2 つの奇数の和は偶数である。　(2) 奇数と偶数の和は奇数である。
(3) 奇数の平方から 1 を引くと 4 の倍数である。

例題7　余りによる整数の分類の利用

a, b, c を整数とするとき，次の問いに答えよ。

(1) a^2 を3で割った余りは0または1であることを証明せよ。

(2) $a^2+b^2=c^2$ であるとき，a, b の少なくとも一方は3の倍数であることを証明せよ。

(3) $a^2+b^2=225$ を満たす正の整数の組 (a, b) を求めよ。

解説　(1) 整数 a は，整数 n を用いて，$3n$, $3n+1$, $3n+2$ のいずれかで表される。それぞれの場合について a^2 を計算すればよい。

(2) 「a, b の少なくとも一方は3の倍数である」とあるから，「a, b はともに3の倍数でない」と仮定して矛盾を導く。

(3) 225は3の倍数であるから，a が3の倍数のとき，$b^2=225-a^2$ より，b も3の倍数である。b が3の倍数のときも同様に，a は3の倍数となる。すなわち，a も b も3の倍数である。このことを利用して，a, b の値を絞り込んでいく。

解答　(1) 整数 a は，整数 n を用いて，$a=3n$, $3n+1$, $3n+2$ のいずれかで表される。

(i) $a=3n$ のとき，
$$a^2=(3n)^2=9n^2=3(3n^2)$$
$3n^2$ は整数であるから，a^2 は3の倍数である。

(ii) $a=3n+1$ のとき，
$$a^2=(3n+1)^2=9n^2+6n+1=3(3n^2+2n)+1$$
$3n^2+2n$ は整数であるから，a^2 は3で割ると1余る。

(iii) $a=3n+2$ のとき，
$$a^2=(3n+2)^2=9n^2+12n+4=3(3n^2+4n+1)+1$$
$3n^2+4n+1$ は整数であるから，a^2 は3で割ると1余る。

以上より，a^2 を3で割った余りは0または1である。　■

(2) a, b はともに3の倍数でないと仮定する。

このとき，(1)より，a^2, b^2 はともに3で割ると1余るから，整数 k_1, k_2 を用いて，$a^2=3k_1+1$, $b^2=3k_2+1$ と表される。

よって，$a^2+b^2=(3k_1+1)+(3k_2+1)$
$=3(k_1+k_2)+2$

k_1+k_2 は整数であるから，a^2+b^2 は3で割ると2余る。

一方，(1)より，c も整数であるから，c^2 を3で割った余りは0または1である。$a^2+b^2=c^2$ において，左辺と右辺をそれぞれ3で割った余りが異なることはあり得ないから，これは矛盾する。

ゆえに，a, b の少なくとも一方は3の倍数である。　■

(3) $225=3^2\times5^2$ であるから,225 は 3 の倍数である。

a が 3 の倍数のとき,$b^2=225-a^2$ より,b も 3 の倍数である。

b が 3 の倍数のときも同様に,a は 3 の倍数となる。

したがって,正の整数 l, m を用いて,$a=3l$, $b=3m$ と表される。

ゆえに,$\quad a^2+b^2=(3l)^2+(3m)^2=3^2(l^2+m^2)$

$\qquad 3^2(l^2+m^2)=3^2\times5^2 \qquad l^2+m^2=5^2$

また,(2)より,l または m は 3 の倍数になる。

(i) $1\leqq l\leqq 5$ であるから,l が 3 の倍数であるとき,$l=3$

このとき,$m^2=5^2-3^2=16$ より,$m=4$

(ii) $1\leqq m\leqq 5$ であるから,m が 3 の倍数であるとき,$m=3$

このとき,$l^2=5^2-3^2=16$ より,$l=4$

以上より,$(a, b)=(9, 12), (12, 9)$

参考 (1) 絶対値最小剰余を使うと,整数 a は整数 n を用いて $3n-1$, $3n$, $3n+1$ のいずれかで表される。a が 3 の倍数でないとき a^2 を 3 で割ると 1 余ることの証明は,次のように簡潔になる。

a が 3 の倍数でないとき,$a=3n\pm1$ と表されるから,

$\qquad a^2=(3n\pm1)^2=9n^2\pm6n+1=3(3n^2\pm2n)+1$ (複号同順)

$3n^2\pm2n$ は整数であるから,a^2 は 3 で割ると 1 余る。

参考 (1) 合同式を使うと,さらに簡潔な証明となる(→p.99,5 章の例題 4 参照)。

参考 $a^2+b^2=c^2$ を満たす正の整数の組 (a, b, c) を**ピタゴラス数**という。また,a, b, c が互いに素であるときの (a, b, c) を原始ピタゴラス数という。例題 7 (2) では,原始ピタゴラス数 (a, b, c) のうち,a, b のどちらかが 3 の倍数であることを示している。ピタゴラス数の性質については演習問題 13 でも練習をする。

演習問題

11 整数 n が 3 の倍数でないとき,n^4+n^2+1 は 3 の倍数となることを証明せよ。

12 a を整数とするとき,$a^2=5n+3$ となる整数 n は存在しないことを証明せよ。

13 次のことを証明せよ。

(1) 整数 a について,a^2 を 4 で割ったときの余りは 0 または 1 である。

(2) 正の整数 x, y, z が等式 $x^2+y^2=z^2$ を満たすとき,x, y の少なくとも一方は偶数である。

(3) 正の整数 a, b, c, d が等式 $a^2+b^2+c^2=d^2$ を満たすとき,a, b, c の少なくとも 1 つは偶数である。

連続する整数の積

2, 3 や -7, -6 などのような連続する 2 つの整数を考えよう。連続する 2 つの整数は一方が偶数であり，他方が奇数であるから，その積は必ず偶数となる。このことを，一般に証明するには，余りによる整数の分類を利用して，次のようにする。

[証明] 連続する 2 つの整数は，整数 n を用いて，n, $n+1$ と表される。

$P = n(n+1)$ とおく。

(i) n が偶数のとき，整数 k を用いて，$n = 2k$ と表される。

よって，$P = 2k(2k+1)$

$k(2k+1)$ は整数であるから，P は偶数である。

(ii) n が奇数のとき，整数 k を用いて，$n = 2k+1$ と表される。

よって，$P = (2k+1)(2k+1+1) = 2(k+1)(2k+1)$

$(k+1)(2k+1)$ は整数であるから，P は偶数である。

以上より，連続する 2 つの整数の積は偶数である。 終

さらに，このことを利用して，連続する 3 つの整数の積は 6 の倍数であることが一般に証明できる。

[証明] 連続する 3 つの整数は，整数 n を用いて，n, $n+1$, $n+2$ と表される。

$Q = n(n+1)(n+2)$ とおく。

Q は，連続する 2 つの整数の積を含むから偶数である。したがって，Q が 6 の倍数であることを示すには，3 の倍数であることを示せばよい。

n を 3 で割ったときの余りによって分類すると，整数 k を用いて，$n = 3k$, $3k+1$, $3k+2$ の 3 つの場合に分けることができる。

(i) $n = 3k$ のとき，

$Q = 3k(3k+1)(3k+2)$

$k(3k+1)(3k+2)$ は整数であるから，Q は 3 の倍数である。

(ii) $n = 3k+1$ のとき，

$Q = (3k+1)(3k+1+1)(3k+1+2)$
$= 3(k+1)(3k+1)(3k+2)$

$(k+1)(3k+1)(3k+2)$ は整数であるから，Q は 3 の倍数である。

(iii) $n = 3k+2$ のとき，

$Q = (3k+2)(3k+2+1)(3k+2+2)$
$= 3(k+1)(3k+2)(3k+4)$

$(k+1)(3k+2)(3k+4)$ は整数であるから，Q は 3 の倍数である。

以上より，連続する 3 つの整数の積は偶数であり 3 の倍数でもある。すなわち，Q は 6 の倍数である。 終

連続する3つの整数の積が6の倍数であることは，次のように考えることもできる。

連続する2つの整数 n，$n+1$ のうち，一方が偶数，他方が奇数であるから，その積 $P=n(n+1)$ は偶数である。また，連続する3つの整数 n，$n+1$，$n+2$ のうち，いずれか1つが3の倍数であるから，その積 $Q=n(n+1)(n+2)$ は3の倍数である。したがって，連続する3つの整数の積は偶数であり，3の倍数でもあるから，6の倍数である。

注意 連続する3つの整数 n，$n+1$，$n+2$ のうち，いずれか1つが3の倍数であることを示すには，整数 k を用いて，$n=3k$，$3k+1$，$3k+2$ の3つの場合に分けて考える。

●連続する2つの整数の積，3つの整数の積
(1) 連続する2つの整数の積は偶数である。
(2) 連続する3つの整数の積は6の倍数である。

上の2つのことは，本書では今後証明なしで使うことにする。
また，一般に，次の定理が成り立つ。

●連続する整数の積の定理
n を自然数とすると，連続する n 個の整数の積は $n!$ で割り切れる。

この定理の証明は，研究（→p.114）で行う。

例 $n=2$ のとき，$2!=2\times1=2$ であるから，連続する2つの整数の積は $2!$ で割り切れる。
$n=3$ のとき，$3!=3\times2\times1=6$ であるから，連続する3つの整数の積は $3!$ で割り切れる。

問7 連続する3つの整数の和は，中央の数の3倍に等しい。このことを，中央の数を n として証明せよ。

問8 連続する4つの整数の和を4で割ったときの余りを求めよ。

問9 連続する2つの奇数のうち，大きい方の奇数を A，小さい方の奇数を B とすると，A^2-B^2 は8の倍数であることを証明せよ。

問10 n を整数とするとき，n^5-n は6の倍数であることを証明せよ。

問11 n を奇数とするとき，n^2-1 は8の倍数であることを証明せよ。

例題8　連続する整数の積の性質の利用

n を整数とするとき,次のことを証明せよ。
(1) $n(n+1)(2n+1)$ は 6 の倍数である。
(2) $n(n+1)(2n+1)(3n^2+3n-1)$ は 30 の倍数である。

解説　(1) 6 の倍数であることを示すには,連続する 3 つの整数の積の形が現れるように変形することを考えるとよい。
$n(n+1)(2n+1)$ の $2n+1$ の部分を $2n+4-3$ と変形すると,
$n(n+1)(2n+1)=n(n+1)(2n+4-3)=2n(n+1)(n+2)-3n(n+1)$ となる。

(2) 30 の倍数は 5 の倍数であり,6 の倍数でもある。(1)より,$n(n+1)(2n+1)$ は 6 の倍数である。したがって,5 と 6 は互いに素であるから,$n(n+1)(2n+1)(3n^2+3n-1)$ が 5 の倍数であることを示せばよい。すなわち,n を 5 で割ったときの余りによって分類して,すべての場合で 5 の倍数であることを示す。

証明　(1) n, $n+1$ は連続する 2 つの整数であるから,$n(n+1)$ は偶数である。
$$n(n+1)(2n+1)=n(n+1)(2n+4-3)$$
$$=2n(n+1)(n+2)-3n(n+1)$$

n, $n+1$, $n+2$ は連続する 3 つの整数であるから,$n(n+1)(n+2)$ は 6 の倍数である。また,$n(n+1)$ は偶数であるから,$3n(n+1)$ も 6 の倍数である。

よって,整数 k, l を用いて,
$$n(n+1)(n+2)=6k, \qquad 3n(n+1)=6l$$
と表される。
ゆえに,　$n(n+1)(2n+1)=2n(n+1)(n+2)-3n(n+1)$
$$=2\times 6k-6l$$
$$=6(2k-l)$$

$2k-l$ は整数であるから,$n(n+1)(2n+1)$ は 6 の倍数である。　■

(2) (1)より,$n(n+1)(2n+1)$ は 6 の倍数である。
$A=n(n+1)(2n+1)(3n^2+3n-1)$ とおくと,5 と 6 は互いに素であるから,A が 5 の倍数であることを示せばよい。

n を 5 で割ったときの余りによって分類すると,整数 m を用いて,$n=5m$, $5m+1$, $5m-1$, $5m+2$, $5m-2$ の 5 つの場合に分けることができる。

(i) $n=5m$ のとき,n は 5 の倍数である。
(ii) $n=5m+1$ のとき,
$$3n^2+3n-1=3(5m+1)^2+3(5m+1)-1$$
$$=5(15m^2+9m+1)$$

$15m^2+9m+1$ は整数であるから,$3n^2+3n-1$ は 5 の倍数である。

(iii) $n=5m-1$ のとき，$n+1=5m$ となるから，$n+1$ は 5 の倍数である。
(iv) $n=5m+2$ のとき，
$$2n+1=2(5m+2)+1=5(2m+1)$$
$2m+1$ は整数であるから，$2n+1$ は 5 の倍数である。
(v) $n=5m-2$ のとき，
$$3n^2+3n-1=3(5m-2)^2+3(5m-2)-1$$
$$=5(15m^2-9m+1)$$
$15m^2-9m+1$ は整数であるから，$3n^2+3n-1$ は 5 の倍数である。

以上より，すべての整数 n について，n, $n+1$, $2n+1$, $3n^2+3n-1$ のいずれかは 5 の倍数である。

ゆえに，A は 6 の倍数であり 5 の倍数でもあるから，30 の倍数である。　　圏

|別証|　(1)　　　$n(n+1)(2n+1)=n(n+1)\{(n-1)+(n+2)\}$
$$=n(n-1)(n+1)+n(n+1)(n+2)$$
$n(n-1)(n+1)=(n-1)\times n\times(n+1)$，$n(n+1)(n+2)$ は，ともに連続する 3 つの整数の積であるから 6 の倍数である。

よって，整数 k, l を用いて，
$$n(n-1)(n+1)=6k, \quad n(n+1)(n+2)=6l$$
と表される。

ゆえに，　　$n(n+1)(2n+1)=6k+6l$
$$=6(k+l)$$
$k+l$ は整数であるから，$n(n+1)(2n+1)$ は 6 の倍数である。　　圏

演習問題

14　n を奇数とするとき，n^3-n は 24 の倍数であることを証明せよ。

15　x, y を整数とするとき，次のことを証明せよ。
(1) x^5-x は 30 の倍数である。
(2) x^5y-xy^5 は 30 の倍数である。

16　n を奇数とするとき，$S=n+(n+1)^2+(n+2)^3$ は 16 の倍数であることを証明せよ。

4 ユークリッドの互除法

2つの自然数の最大公約数を求めるには，与えられた2つの数をそれぞれ素因数分解すればよい。しかし，たとえば 8651 と 4633 などのように素因数が大きい場合は，素因数分解が困難である。このような場合にユークリッドの互除法を利用すると，比較的大きな2つの自然数の最大公約数を効率よく求めることができる。また，この互除法を利用して，1次不定方程式の整数解を求めることもできる。

● 除法と最大公約数

144 を 54 で割ってみよう。商は 2，余りは 36 であるから，$144 = 54 \times 2 + 36$ と表される。このとき，$54 = 2 \times 3^3$ と $36 = 2^2 \times 3^2$ より，54 と 36 の最大公約数は $2 \times 3^2 = 18$ である。また，$144 = 2^4 \times 3^2$ と 54 の最大公約数も 18 である。このように，割る数と割られる数の最大公約数と，割る数と余りの最大公約数は一致している。一般に，次のことが成り立つ。

●定理（2つの自然数の割る数，割られる数と余りの最大公約数）

2つの自然数 a, b について，自然数 q, r を用いて，$a = bq + r$ と表されるとき，**a と b の最大公約数は b と r の最大公約数に等しい。**

上の定理は，a と b の最大公約数を $\gcd(a, b)$ とおき，b と r の最大公約数を $\gcd(b, r)$ とおくとき，
$$\gcd(a, b) = \gcd(b, r)$$
が成り立つということである。このことは，次のように証明する。

[証明] $g = \gcd(a, b)$, $g' = \gcd(b, r)$ とおく。このとき，自然数 a', b', b'', r' を用いて，$a = ga'$, $b = gb'$, $b = g'b''$, $r = g'r'$ と表される。
$$a = bq + r \quad \cdots\cdots ①$$
① より，$\qquad r = a - bq = ga' - (gb')q = g(a' - b'q)$
となるから g は r の約数であり，g は b の約数でもあるから，g は b と r の公約数である。また，$g' = \gcd(b, r)$ であるから，
$$g \leq g' \quad \cdots\cdots ②$$
一方，① より，$a = bq + r = (g'b'')q + g'r' = g'(b''q + r')$
となるから g' は a の約数であり，g' は b の約数でもあるから，g' は a と b の公約数である。また，$g = \gcd(a, b)$ であるから，
$$g' \leq g \quad \cdots\cdots ③$$
②, ③ より，$\quad g = g' \quad$ ▊

一般に，2つの自然数 a と b $(a>b)$ の最大公約数 g を求めるには，この定理を繰り返し用いて次のような操作を行う。

> **●ユークリッドの互除法**
>
> a を b で割ったときの余りを r_1 とすると，
> $$b>r_1, \qquad \gcd(a,\ b)=\gcd(b,\ r_1)$$
> b を r_1 で割ったときの余りを r_2 とすると，
> $$r_1>r_2, \qquad \gcd(b,\ r_1)=\gcd(r_1,\ r_2)$$
> r_1 を r_2 で割ったときの余りを r_3 とすると，
> $$r_2>r_3, \qquad \gcd(r_1,\ r_2)=\gcd(r_2,\ r_3)$$
> 同じ操作を繰り返すと，
> $$b>r_1>r_2>r_3>\cdots$$
> となり，どこかで余りが 0 になる。
> r_{n-1} が r_n で割り切れるとすると，
> $$\gcd(a,\ b)=\gcd(b,\ r_1)=\gcd(r_1,\ r_2)=\gcd(r_2,\ r_3)=\cdots$$
> $$=\gcd(r_{n-1},\ r_n)$$
> $$=r_n$$
> となる。

　このように，割ったときの余りを次々に計算して最大公約数を求める方法を，**ユークリッドの互除法**という。

　たとえば，464 と 203 の最大公約数を，ユークリッドの互除法を利用して求めてみよう。

464 を 203 で割ると，
$$464=203\times 2+58 \text{ より，余りは } 58$$
203 を 58 で割ると，
$$203=58\times 3+29 \text{ より，余りは } 29$$
58 を 29 で割ると，
$$58=29\times 2$$
58 が 29 で割り切れたので，最大公約数は 29 である。

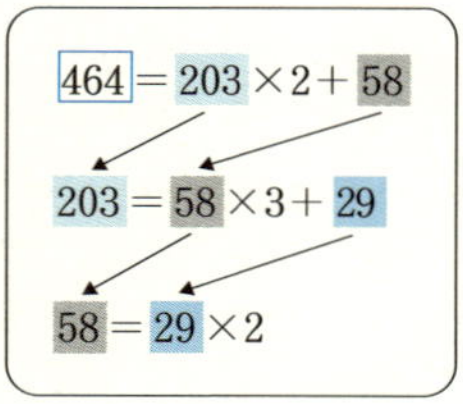

> $464=203\times 2+58$
> $203=58\times 3+29$
> $58=29\times 2$

参考　ユークリッドの互除法の計算は，割り算の筆算に似た，①のように計算する方法もある。また，②のような縦書き計算もある。

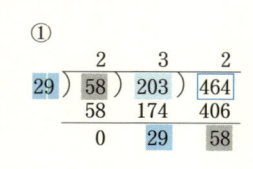

①
```
      2       3       2
  29)58 ) 203 )  464
      58     174     406
       0      29      58
```

②
```
  2 | 464 | 203 | 3
      406   174
  2 |  58 |  29
       58
        0
```

参考 前ページの例の 464 と 203 の最大公約数を求めるユークリッドの互除法の手順は，縦 464，横 203 の長方形をできるだけ大きな正方形で埋めつくすときの，正方形の辺の長さを求める手順と対応している。

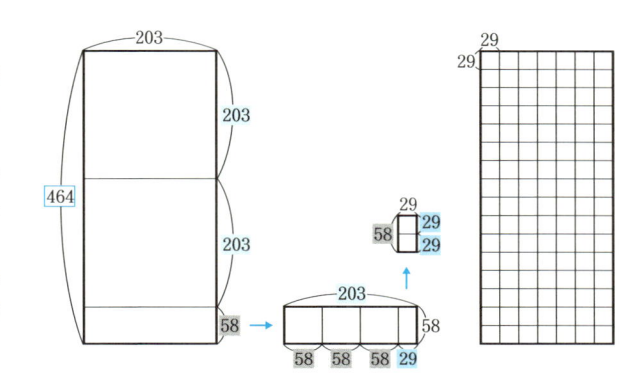

問12 次の 2 つの数の最大公約数を求めよ。
(1) 221, 403　　(2) 187, 240　　(3) 8651, 4633　　(4) 5349, 4683

1 次不定方程式とユークリッドの互除法

自然数を係数とする x，y の 1 次不定方程式 $ax+by=c$ と，ユークリッドの互除法とは密接な関係がある。

たとえば，x，y の 1 次不定方程式 $31x+14y=1$ ……① を考えてみよう。
31 と 14 の最大公約数をユークリッドの互除法を利用して求めてみると，

$$31 = 14 \times 2 + 3 \quad \cdots\cdots\cdots ②$$
$$14 = 3 \times 4 + 2 \quad \cdots\cdots\cdots ③$$
$$3 = 2 \times 1 + 1 \quad \cdots\cdots\cdots ④$$

したがって，31 と 14 の最大公約数は 1 となる。
ここで，$a=31$，$b=14$ とおく。
②を移項すると，　$3 = 31 - 14 \times 2 = a - 2b$
③を移項すると，　$2 = 14 - 3 \times 4 = b - (a - 2b) \times 4$
$= -4a + 9b$
④を移項すると，　$1 = 3 - 2 \times 1 = (a - 2b) - (-4a + 9b) \times 1$
$= 5a - 11b$
$= a \times 5 + b \times (-11)$
すなわち，　　　$31 \times 5 + 14 \times (-11) = 1$
となり，①の特殊解 $x=5$，$y=-11$ を求めることができる。

このように，自然数 a と b が互いに素であるとき，ユークリッドの互除法を利用して a と b の最大公約数を求める手順を適用し，出てくる余りをすべて a，b の 1 次式で表すことにより，x と y の 1 次不定方程式 $ax+by=1$ の特殊解を求めることができる。

例題9 1次不定方程式
次の1次不定方程式の整数解を求めよ。
(1) $46x+83y=1$　　　　　　(2) $46x+83y=53$

解説　(1) 1次不定方程式 $ax+by=c$ において a と b が互いに素であるとき，$a\times(x\text{ の式})=b\times(y\text{ の式})$ に変形し，48 ページの定理を利用すると一般解は求められる。しかし，$46x+83y=1$ ……① は，$46\times(x\text{ の式})=83\times(y\text{ の式})$ の形に簡単には変形できない。そこで，83 と 46 の最大公約数を互除法により求めると，

$$83=46\times1+37 \quad\cdots\cdots\cdots ②$$
$$46=37\times1+9 \quad\cdots\cdots\cdots ③$$
$$37=9\times4+1 \quad\cdots\cdots\cdots ④$$

```
         9      4      1     1
      1 ) 9 ) 37 ) 46 ) 83
          9    36    37    46
          0     1     9    37
```

したがって，83 と 46 の最大公約数は 1 となる。
　ここで，$a=83$，$b=46$ とおいて，この互除法の手順を利用すると，
②より，　　$37=83-46\times1=a-b$
③より，　　$9=46-37\times1=b-(a-b)=-a+2b$
④より，　　$1=37-9\times4=(a-b)-(-a+2b)\times4=5a-9b$
　　　　　　　　$=a\times5+b\times(-9)$
すなわち，　$46\times(-9)+83\times5=1$
となり，①の特殊解 $x=-9$，$y=5$ を求めることができる。
　この特殊解を利用すると，

$$46\times(x\text{ の式})=83\times(y\text{ の式})$$

の形に変形でき，46 と 83 が互いに素であることから一般解を求めることができる。

(2) (1)で求めた特殊解を (x_0, y_0) とすると，
$$46x_0+83y_0=1$$
となる。この両辺に 53 を掛けると，
$$46\times53x_0+83\times53y_0=53$$
となるから，$x=53x_0$，$y=53y_0$ は $46x+83y=53$ の特殊解となる。

解答　(1)　　　　$46x+83y=1$　　　　　　……①
　　　　　　　　$46\times(-9)+83\times5=1$　……②

$\begin{array}{l} 83=46\times1+37 \\ 46=37\times1+9 \\ 37=9\times4+1 \end{array}$

　　　よって，$x=-9$，$y=5$ は①の解の1つである。
　　　①－②より，$46(x+9)+83(y-5)=0$
　　　よって，　$46(x+9)=83(5-y)$
　　　46 と 83 は互いに素であるから，整数 n を用いて，
　　　　　　　$x+9=83n$，$5-y=46n$
　　　ゆえに，　$x=-9+83n$，$y=5-46n$（n は整数）

(2) $\qquad 46x+83y=53 \qquad \cdots\cdots\cdots$ ③

②の両辺に 53 を掛けて,
$$46\times(-9)\times 53+83\times 5\times 53=53$$
$$46\times(-477)+83\times 265=53 \quad \cdots\cdots\cdots ④$$

よって,$x=-477$,$y=265$ は③の解の 1 つである。

③－④ より,$46(x+477)+83(y-265)=0$

よって, $46(x+477)=83(265-y)$

46 と 83 は互いに素であるから,整数 n を用いて,
$$x+477=83n,\ 265-y=46n$$

ゆえに, $x=-477+83n$,$y=265-46n$ (n は整数)

別解 (2) ③の両辺から 46 を引いて,
$$46(x-1)+83y=7 \qquad \cdots\cdots\cdots ⑤$$

②の両辺に 7 を掛けて,
$$46\times(-9)\times 7+83\times 5\times 7=7$$
$$46\times(-63)+83\times 35=7 \quad \cdots\cdots\cdots ⑥$$

⑤－⑥ より,$46(x+62)+83(y-35)=0$

よって, $46(x+62)=83(35-y)$

46 と 83 は互いに素であるから,整数 n を用いて,
$$x+62=83n,\ 35-y=46n$$

ゆえに, $x=-62+83n$,$y=35-46n$ (n は整数)

参考 (2) $x=-477+83n=-62+83(n-5)$

$y=265-46n=35-46(n-5)$

であるから,解答と別解の一般解は同じである。

また,(1)の解 $x=-9+83n$,$y=5-46n$ (n は整数)についても,途中の計算や特殊解が異なると,$x=-9-83n$,$y=5+46n$ や,$x=74+83n$,$y=-41-46n$ などの一般解が得られる。不定方程式の解には,さまざまな表し方がある。示された解答が自分の得た答えと異なるときは,このように変形して確かめるとよい。

例題 9 を一般化すると,次のことが成り立つ。

> **● 1 次不定方程式の解**
> 自然数 a と b が互いに素であるとき,$ax+by=1$ は整数解を必ずもつ。*

このことから,$ax+by=1$ の整数解を利用することにより,自然数 a' と b' が互いに素であるとき,c がどのような整数であっても,$a'x+b'y=c$ の整数解を求め,$a'x+b'y=c$ の一般解を求めることができる。

---

* このことの証明は,巻末問題 15,16 にある(→ p.106)。

また，自然数 a, b について，$ax+by=1$ が整数解をもつとき，a と b は互いに素である。このことは，次のように証明できる。

[証明] $ax+by=1$ が整数解 $x=m$, $y=n$（m, n は整数）をもち，m と n の最大公約数を g とすると，整数 m', n' を用いて，
$$m=gm', \quad n=gn'$$
と表される。
$am+bn=1$ より，$a(gm')+b(gn')=1$
$$g(am'+bn')=1$$
$am'+bn'$ は整数であり，g は正の整数であるから，$g=1$
ゆえに，a と b は互いに素である。　■

演習問題

17 次の1次不定方程式の整数解を求めよ。
(1) $68x+81y=1$ 　　(2) $36x+29y=5$
(3) $25x+17y=1623$

18 2077 と 1829 の最大公約数 d を求めよ。また，$d=2077x+1829y$ を満たす整数 x, y を1組求めよ。

19 x, y の方程式 $884x+1071y=1$ は整数解をもたないことを証明せよ。

20 2つの整数 m と n の最大公約数と，$7m+12n$ と $3m+5n$ の最大公約数は一致することを証明せよ。

コラム　オイラー

オイラー（1707年－1783年）はスイスで生まれ，ロシアで亡くなった大数学者です。オイラーは，数学のあらゆる分野で膨大な数の論文を書き，人類史上最も多くの論文を書いた数学者といわれています。

オイラーの定理とよばれているものはいくつかあり，そのほかにもオイラーの公式，オイラー数，オイラー線，オイラー法，オイラー標数などオイラーの名前のついたものがたくさんあります。本書では，オイラー図（→p.15），オイラー関数（→p.53），オイラーの定理（→p.121）を紹介しています。

オイラー

4章 不定方程式の整数解

1つの方程式で未知数が2種類以上ある不定方程式の整数解について，2章や3章で学んできた。4章では不定方程式の整数解について，2章や3章で扱われなかった問題の解法を学ぶ。

● ★ 分数の不定方程式

不定方程式が分数を含んでいるときは，分母を払ってから解を求める。

> **例題1** 分母を払う
> $\dfrac{1}{a}+\dfrac{1}{b}=\dfrac{1}{3}$ を満たす整数の組 $(a,\ b)$ を求めよ。ただし，$a<b$ とする。

[解説] 与えられた式の両辺に $3ab$ を掛けると，2章の例題5（→p.46）と同じ問題になる。また，別解のように，解の範囲を絞り込むこともできる。

$a>0$ のとき，$a<b$ より，$\dfrac{1}{a}>\dfrac{1}{b}$　　これを使って，$\dfrac{1}{a}<\dfrac{1}{a}+\dfrac{1}{b}<\dfrac{1}{a}+\dfrac{1}{a}$

として，a の値から解の範囲を絞り込んでいく。

$a<0$ のときも，同様に考えて，b の値から解の範囲を絞り込んでいく。

[解答] $\dfrac{1}{a}+\dfrac{1}{b}=\dfrac{1}{3}$ の両辺に $3ab$ を掛けて，

$$3b+3a=ab \quad ab-3a-3b=0$$

よって，　$(a-3)(b-3)=9$

$a,\ b$ は整数であるから，$a-3,\ b-3$ も整数である。$a<b$ より，$a-3<b-3$

よって，　$(a-3,\ b-3)=(-9,\ -1),\ (1,\ 9)$

ゆえに，　$(a,\ b)=(-6,\ 2),\ (4,\ 12)$

[別解] $\dfrac{1}{a}+\dfrac{1}{b}=\dfrac{1}{3}$ より，$a,\ b$ がともに負であることはない。$a<b$ より，$b>0$

(i) $a>0$ のとき，$\dfrac{1}{a}>\dfrac{1}{b}$　　　　　　よって，$\dfrac{1}{a}<\dfrac{1}{a}+\dfrac{1}{b}<\dfrac{1}{a}+\dfrac{1}{a}$

$\dfrac{1}{a}+\dfrac{1}{b}=\dfrac{1}{3}$ より，$\dfrac{1}{a}<\dfrac{1}{3}<\dfrac{2}{a}$　　したがって，$3<a<6$

a は正の整数であるから，$a=4,\ 5$

$a=4$ のとき，$\dfrac{1}{4}+\dfrac{1}{b}=\dfrac{1}{3}$　　$\dfrac{1}{b}=\dfrac{1}{3}-\dfrac{1}{4}=\dfrac{1}{12}$　　ゆえに，$b=12$

$a=5$ のとき，$\dfrac{1}{5}+\dfrac{1}{b}=\dfrac{1}{3}$　　$\dfrac{1}{b}=\dfrac{1}{3}-\dfrac{1}{5}=\dfrac{2}{15}$　　ゆえに，$b=\dfrac{15}{2}$（不適）

(ii) $a<0$ のとき, $\dfrac{1}{a}<0<\dfrac{1}{b}$　　よって, $\dfrac{1}{a}+\dfrac{1}{b}<\dfrac{1}{b}$

$\dfrac{1}{a}+\dfrac{1}{b}=\dfrac{1}{3}$ より, $\dfrac{1}{3}<\dfrac{1}{b}$　　したがって, $0<b<3$

b は正の整数であるから, $b=1,\ 2$

$b=1$ のとき, $\dfrac{1}{a}+1=\dfrac{1}{3}$　　$\dfrac{1}{a}=\dfrac{1}{3}-1=-\dfrac{2}{3}$

ゆえに, $a=-\dfrac{3}{2}$（不適）

$b=2$ のとき, $\dfrac{1}{a}+\dfrac{1}{2}=\dfrac{1}{3}$　　$\dfrac{1}{a}=\dfrac{1}{3}-\dfrac{1}{2}=-\dfrac{1}{6}$　　ゆえに, $a=-6$

以上より, $(a,\ b)=(4,\ 12),\ (-6,\ 2)$

参考　求める解が整数であるときは、解答のように、分母を払う方法が簡潔になるが、求める解が自然数（正の整数）であるときは、別解のように、不等式を利用して解の範囲を絞り込む方法が有効であることが多い。

演習問題

1　$\dfrac{1}{m}+\dfrac{1}{n}=\dfrac{1}{11}$, $m \leqq n$ を満たす整数の組 $(m,\ n)$ を求めよ。

2　$\dfrac{xy}{x+y}=2$ を満たす整数の組 $(x,\ y)$ を求めよ。

●★ 絞り込み

未知数が3種類以上の不定方程式において、求める解が自然数であるときは、不等式を利用して、解の範囲を絞り込んでいく方法が有効である。

例題2　絞り込んで自然数の解を求める

　$l,\ m,\ n$ を自然数とするとき, $\dfrac{1}{l}+\dfrac{1}{m}+\dfrac{1}{n}=1$, $l \leqq m \leqq n$ を満たす組 $(l,\ m,\ n)$ を求めよ。

解説　$0<l \leqq m \leqq n$ より,

$$\dfrac{1}{l} \geqq \dfrac{1}{m} \geqq \dfrac{1}{n}$$

これより、すべてが l であるとする極端な場合を考えて,

$$\dfrac{1}{l}+\dfrac{1}{m}+\dfrac{1}{n} \leqq \dfrac{1}{l}+\dfrac{1}{l}+\dfrac{1}{l}$$

として, l の値から解の範囲を絞り込んでいく。

解答 $0 < l \leq m \leq n$ より，$\dfrac{1}{l} \geq \dfrac{1}{m} \geq \dfrac{1}{n}$

よって，$\dfrac{1}{l} + \dfrac{1}{m} + \dfrac{1}{n} \leq \dfrac{1}{l} + \dfrac{1}{l} + \dfrac{1}{l} = \dfrac{3}{l}$

$\dfrac{1}{l} + \dfrac{1}{m} + \dfrac{1}{n} = 1$ より，$1 \leq \dfrac{3}{l}$ 　　ゆえに，$l \leq 3$

l は自然数であるから，$l = 1, 2, 3$

(i) $l = 1$ のとき，$1 + \dfrac{1}{m} + \dfrac{1}{n} = 1$ 　　よって，$\dfrac{1}{m} + \dfrac{1}{n} = 0$

これを満たす自然数 m, n の組は存在しない。

(ii) $l = 2$ のとき，$\dfrac{1}{2} + \dfrac{1}{m} + \dfrac{1}{n} = 1$ 　　よって，$\dfrac{1}{m} + \dfrac{1}{n} = \dfrac{1}{2}$

$\dfrac{1}{m} \geq \dfrac{1}{n}$ より，$\dfrac{1}{m} + \dfrac{1}{n} \leq \dfrac{1}{m} + \dfrac{1}{m} = \dfrac{2}{m}$ 　　$\dfrac{1}{2} \leq \dfrac{2}{m}$ より，$m \leq 4$

m は自然数であり，$l \leq m$ であるから，$m = 2, 3, 4$

$m = 2$ のとき，$\dfrac{1}{2} + \dfrac{1}{n} = \dfrac{1}{2}$ 　　よって，$\dfrac{1}{n} = 0$

これを満たす自然数 n は存在しない。

$m = 3$ のとき，$\dfrac{1}{3} + \dfrac{1}{n} = \dfrac{1}{2}$ 　　$\dfrac{1}{n} = \dfrac{1}{2} - \dfrac{1}{3} = \dfrac{1}{6}$ 　　ゆえに，$n = 6$

$m = 4$ のとき，$\dfrac{1}{4} + \dfrac{1}{n} = \dfrac{1}{2}$ 　　$\dfrac{1}{n} = \dfrac{1}{2} - \dfrac{1}{4} = \dfrac{1}{4}$ 　　ゆえに，$n = 4$

(iii) $l = 3$ のとき，$\dfrac{1}{3} + \dfrac{1}{m} + \dfrac{1}{n} = 1$ 　　よって，$\dfrac{1}{m} + \dfrac{1}{n} = 1 - \dfrac{1}{3} = \dfrac{2}{3}$

$\dfrac{1}{m} \geq \dfrac{1}{n}$ より，$\dfrac{1}{m} + \dfrac{1}{n} \leq \dfrac{1}{m} + \dfrac{1}{m} = \dfrac{2}{m}$ 　　$\dfrac{2}{3} \leq \dfrac{2}{m}$ より，$m \leq 3$

m は自然数であり，$l \leq m$ であるから，$m = 3$

このとき，$\dfrac{1}{3} + \dfrac{1}{n} = \dfrac{2}{3}$ 　　$\dfrac{1}{n} = \dfrac{1}{3}$ 　　ゆえに，$n = 3$

以上より，$(l, m, n) = (2, 3, 6), (2, 4, 4), (3, 3, 3)$

演習問題

3 l, m, n を自然数とするとき，$\dfrac{1}{l} + \dfrac{1}{m} + \dfrac{1}{n} = \dfrac{1}{2}$，$l \leq m \leq n$ を満たす組 (l, m, n) を求めよ。

4 x, y, z を自然数とするとき，$7(x + y + z) = 2(xy + yz + zx)$，$x \leq y \leq z$ を満たす組 (x, y, z) を求めよ。

5 実数 x, y, z に対する方程式 $x^n+y^n+z^n=xyz$ ……① を考える。ただし，n は正の整数とする。
(1) $n=1$ のとき，①を満たす正の整数の組 (x, y, z) で，$x \leq y \leq z$ となるものを求めよ。
(2) $n=3$ のとき，①を満たす正の実数の組 (x, y, z) は存在しないことを証明せよ。

6 x, y, z, p は自然数で，$xy+yz+zx=pxyz$，$x \leq y \leq z$ ……① を満たしている。
(1) $p \leq 3$ を証明せよ。
(2) ①を満たす自然数の組 (p, x, y, z) を求めよ。

★ 2次以上の不定方程式

未知数が2次以上の不定方程式で解を求める場合は，因数分解と素因数分解の一意性を利用することが多い。

例題3　因数分解・素因数分解の利用
　方程式 $x^2-y^2=7$ を満たす自然数の組 (x, y) を求めよ。

[解説] 左辺は，$x^2-y^2=(x+y)(x-y)$ と因数分解できる。与えられた式は，左辺を積の形に変形すると，$(x と y の1次式)\times(x と y の1次式)=(整数)$ となる。右辺の整数の約数を考えて x, y の値を求めることができる。

[解答] $x^2-y^2=(x+y)(x-y)$ であるから，与えられた方程式は，
$$(x+y)(x-y)=7 \quad である。$$
x, y がともに自然数であるから，$x+y>0$
$x+y>0$，$(x+y)(x-y)=7$ であるから，$x-y>0$　　よって，$x+y>x-y>0$
$(x+y)(x-y)=7\times1$ より，
$$(x+y, \ x-y)=(7, \ 1)$$
これを解いて，$(x, y)=(4, 3)$

演習問題

7 次の方程式を満たす自然数の組 (x, y) を求めよ。
(1) $x^2+xy-2y^2=-5$ 　　(2) $x^2-y^2=12$

8 $\sqrt{n^2+15}$ が自然数となるような自然数 n を求めよ。

9 p を2とは異なる素数とする。$x^2-y^2=p$ を満たす自然数の組 (x, y) がただ1組存在することを証明せよ。

例題4　解の公式の利用

方程式 $x^2-2xy+2y^2-2x+2y-3=0$ を満たす整数の組 (x, y) を求めよ。

解説　この問題は，$(x と y の1次式)\times(x と y の1次式)=(整数)$ の形にできない。このようなときは，x についての2次方程式と考えて，解の公式を利用する。ここで，根号の中が平方数となる y の値を求める。

解答　$x^2-2xy+2y^2-2x+2y-3=0$ を x についての2次方程式と考えて，
$$x^2-2(y+1)x+2y^2+2y-3=0$$
解の公式より，
$$x=y+1\pm\sqrt{(y+1)^2-(2y^2+2y-3)}$$
$$=y+1\pm\sqrt{4-y^2}$$

x は整数であるから，$4-y^2$ は4以下の平方数である。

よって，$4-y^2=0, 1, 4$ のいずれかである。

(i) $4-y^2=0$ のとき，
$$y=\pm 2$$
$y=2$ のとき，$x=3$
$y=-2$ のとき，$x=-1$

(ii) $4-y^2=1$ のとき，
$$y^2=3 \quad これを満たす整数 y は存在しない。$$

(iii) $4-y^2=4$ のとき，
$$y=0$$
このとき，$x=1\pm\sqrt{4}=1\pm 2=-1, 3$

以上より，$(x, y)=(-1, -2), (-1, 0), (3, 0), (3, 2)$

参考　x は実数であるから，
$$4-y^2\geqq 0 \qquad y^2-4\leqq 0 \qquad よって，-2\leqq y\leqq 2$$
y は整数であるから，$y=-2, -1, 0, 1, 2$ として求めてもよい。

演習問題

10　$x^2+2y^2-2xy-4x+6y+1=0$ を満たす整数の組 (x, y) を求めよ。

11　$a^3-b^3=65$ を満たす整数の組 (a, b) を求めよ。

★ 自然数を係数とする 1 次式で表すことができない自然数

1 次不定方程式は，除法の原理やユークリッドの互除法と密接な関係がある。3 章（→p.81）では自然数 a と b が互いに素であるとき，2 元 1 次不定方程式 $ax+by=1$ は整数解を必ずもち，すべての 0 でない整数 c について，$ax+by=c$ は整数解を必ずもつことを学んだ。

ところが，解の範囲を整数ではなく自然数とすると事情は変わってくる。すなわち，$ax+by=c$ は自然数の解を必ずもつとは限らない。

例題5　$ax+by$ で表すことができない自然数

どのような自然数 x, y を用いても，$3x+7y$ と表すことができない自然数を求めよ。

解説　まず，$x \geqq 1$, $y \geqq 1$ より，$3 \times 1 + 7 \times 1 = 10$ であるから，10 より小さい数は表すことができない。

つぎに，10 以上で $3x+7y$ の形で表すことができない数を考える。$y=1$, 2, 3 のとき，$3x+7y$ の形で表すことができる数を考え，それを除外することで，表すことができない数を求める。

解答　$n=3x+7y$ とおく。

(i) $x \geqq 1$, $y \geqq 1$ であるから，
$$n \geqq 3 \times 1 + 7 \times 1 = 10$$
よって，1, 2, 3, 4, 5, 6, 7, 8, 9 は，$3x+7y$ と表すことができない。

(ii) $y=1$ のとき，
$$n = 3x+7 = 3(x+2)+1$$
$x \geqq 1$ より $x+2 \geqq 3$ であるから，$n \geqq 3 \times 3 + 1 = 10$

10 以上の整数のうち 3 で割って 1 余る数は，$3x+7y$ と表すことができる。

(iii) $y=2$ のとき，
$$n = 3x+14 = 3(x+4)+2$$
$x \geqq 1$ より $x+4 \geqq 5$ であるから，$n \geqq 3 \times 5 + 2 = 17$

17 以上の整数のうち 3 で割って 2 余る数は，$3x+7y$ と表すことができる。

(iv) $y=3$ のとき，
$$n = 3x+21 = 3(x+7)$$
$x \geqq 1$ より $x+7 \geqq 8$ であるから，$n \geqq 3 \times 8 = 24$

24 以上の整数のうち 3 で割り切れる数は，$3x+7y$ と表すことができる。

(ii)～(iv)より，24 以上の整数はすべて $3x+7y$ と表すことができる。

以上より，$3x+7y$ と表すことができない自然数は，
$$1, 2, 3, 4, 5, 6, 7, 8, 9, 11, 12, 14, 15, 18, 21$$

一般に，自然数 a，b に対して，どのような自然数 x，y を用いても，$ax+by$ と表すことができない数について考えてみよう。

自然数 a と b が互いに素であるとき，$ab=ax+by$（x，y は自然数）とする。
$ab-ax=by$ より，$a(b-x)=by$ と変形できる。
$a>0$，$by>0$ であるから，$b-x>0$　　よって，$0<x<b$

一方，a と b は互いに素であるから，$b-x$ は b の倍数である。
よって，自然数 k を用いて，$b-x=bk$ と表すことができる。
$b-bk=x$ より，$b(1-k)=x$ と変形できる。
$k\geqq 1$，$0<x<b$ であるから，左辺は 0 以下，右辺は正となって，この等式は成り立たない。ゆえに，ab は，どのような自然数 x，y を用いても，$ax+by$ と表すことができない自然数である。一方，$ab+1$ 以上の任意の自然数は $ax+by$ と表すことができる。巻末問題 19（→ p.107）はこのことの証明である。したがって，自然数 a と b が互いに素であるとき，どのような自然数 x，y を用いても，$ax+by$ と表すことができない自然数の最大値は ab である。

これを利用して，自然数 a と b が互いに素であるとき，どのような 0 以上の整数 x，y を用いても，$ax+by$ と表すことができない最大の自然数を求めてみよう。

$n=ax+by$，$x'=x+1$，$y'=y+1$ とおくと，x'，y' は自然数で，
$$n=a(x'-1)+b(y'-1)\quad \text{である。}$$
よって，　　$n+a+b=ax'+by'$
どのような自然数 x'，y' を用いても，$ax'+by'$ と表すことができない最大の自然数は ab である。また，$ab+1$ 以上のすべての自然数は $ax'+by'$ と表すことができる。
すなわち，　　$n+a+b\geqq ab+1$
であれば，どのような 0 以上の整数 x，y を用いても，
$$n=ax+by\quad \text{と表すことができる。}$$
ゆえに，　　$n\geqq ab-a-b+1$
であれば表すことができるので，自然数 a と b が互いに素であるとき，$ax+by$ と表すことができない最大の自然数は，
$$ab-a-b\quad \text{である。}$$

演習問題

12　どのような 0 以上の整数 x，y を用いても，$8x+9y$ と表すことができない正の整数 n の最大値を求めよ。

コラム ディオファントス

ディオファントスは，210年頃生まれて290年頃に亡くなったといわれている数学者です。当時ローマ帝国であったエジプトのアレクサンドリアに住んでいたこと以外はわかっていません。ディオファントスの著作である『算術』は，整数を係数とする不定方程式を扱っています。そのことから，整数を係数とする不定方程式をディオファントス方程式ということがあります。

6世紀にまとめられたギリシャの詩集の中に，ディオファントスの生涯について墓碑銘に刻まれた言葉として，次のような記述があります。

「ディオファントスの人生は，6分の1が子ども時代，12分の1が青年期であった。それから結婚するまでに人生の7分の1を過ごし，結婚して5年後に子どもが生まれた。その子はディオファントスの一生の半分しか生きずに世を去った。その4年後にディオファントスも亡くなった。」

ディオファントスの生涯を x 年として方程式をつくると，

$$\frac{1}{6}x+\frac{1}{12}x+\frac{1}{7}x+5+\frac{1}{2}x+4=x$$

となって，これを解くと，84歳で亡くなったことがわかります。

しかし，数学者のディオファントスと詩集にあるディオファントスが同一人物かどうか正確にはわかっていません。

フェルマー

フェルマー（1607または1608年－1665年）は数学者として知られていますが，本職は別にあり，数学は余暇に行ったものでした。フランスのトゥールーズ近郊で生まれ，生涯をその地域で送りました。パスカルなどと文通しながら数学の研究を進めました。フェルマーの小定理（→p.122）は，フレニクルへ書いた手紙の中にあります。

1630年頃，フェルマーはディオファントスの『算術』を手に入れ，この本を読みながら，その余白に48の注釈を書き込みました。フェルマーの死後，長男のサミュエルが『算術』を父の書き込みつきで再出版し，フェルマーの数論の研究が知られるようになりました。

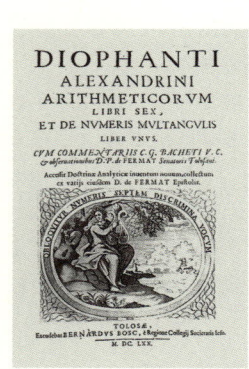

フェルマーの書き込みつき
『ディオファントスの算術』
（東京大学駒場図書館蔵）

5章 合同式

1 合同式とその性質

　整数の除法において，余りに着目した式が合同式である。整数の商と余りについては，3章で学んだように，加法，減法，乗法についての基本的な性質がある。5章では，それらをもとに，合同式での加法，減法，乗法の基本的な性質について調べる。

● 合同式

　カレンダーを見ると，どの月も10日と24日は曜日が同じである。それは，1週間は7日間であり，10と24は，

$$10 = 7 \times 1 + 3$$
$$24 = 7 \times 3 + 3$$

より，7で割ったときの余りが等しいからである。このように，10と24を7で割ったときの余りが等しいという関係を，

$$10 \equiv 24 \pmod{7}$$

と表す。

　このことについて，数の範囲を正の整数からすべての整数に広げてみよう。
　下のような数直線を考える。

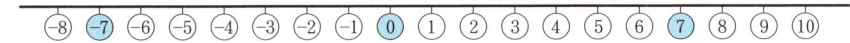

　この直線を，7で1回りになるような円柱に巻きつける。このとき，7の倍数は7ごとに繰り返して現れるから，同じ位置にくる。同じように，…，-6，1，8，15，… のような7で割って1余る数が7の倍数の右隣にきて，…，-8，-1，6，13，… のような7で割って6余る数が左隣にくる。すなわち，整数全体が，7で割ったときの余り0，1，2，3，4，5，6によって7つの組に分かれることになる。

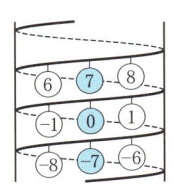

たとえば，-1 と 76 は 7 で割ったときの余りがどちらも 6 になるから，同じ組である。このことを，
$$-1 \equiv 76 \pmod{7}$$ と表す。

このように，2 つの整数 a, b が同じ組であるとき，すなわち，7 で割ったときの余りが等しいとき，a と b は **7 を法として合同**であるといい，
$$a \equiv b \pmod{7}$$ と表す。

ここでは，法とする数，すなわち割る数（除数）を 7 としたが，法とする数として，2 や 3 や 5 など，整数の問題を考える上で都合のよい数を使う。たとえば，2 を法として，すなわち mod 2 で整数を分けた場合，

1 と合同である数は　…，-3, -1, 1, 3, 5, …（奇数），

0 と合同である数は　…，-4, -2, 0, 2, 4, …（偶数）

となる。また，2 つの自然数の下 1 桁が等しいということは，10 を法として合同であるということであり，下 2 桁が等しいということは，100 を法として合同であるということである。

例　$5349 \equiv 1 \pmod{2}$
$46830972 \equiv 72 \pmod{100}$

一般に，2 つの整数 a, b を正の整数 m で割ったときの余りが等しいとき，**a と b は m を法として合同**であるといい，
$$a \equiv b \pmod{m}$$
と表す。また，このような式を**合同式**という。

2 つの整数 a, b を m で割ったときの余りが等しいとき，$a-b$ は m の倍数になるから，$a-b$ が m の倍数であることと，$a \equiv b \pmod{m}$ は同じこと（同値）である。

注意　本書では今後，合同式において，とくに断りのないときは a, b, c, d は整数とし，m, n は正の整数とする。

●**合同式**

$$a-b \text{ が } m \text{ の倍数である} \iff a \equiv b \pmod{m}$$

例　$26-(-1)=27$ であり，27 は 3 の倍数であるから，$26 \equiv -1 \pmod{3}$

問 1　次の命題を合同式を使って表せ。
(1) n は偶数である。
(2) n は 8 で割ると 4 余る。
(3) n と a は 11 で割ったときの余りが等しい。
(4) a と b の下 1 桁の数は一致する。

問2 5を法として，2と合同である正の整数を小さい順に4つ書け。

問3 7を法として，1と合同である整数を絶対値の小さい順に5つ書け。

問4 次の合同式を満たす1桁の自然数 x を求めよ。
(1) $534 \equiv x \pmod{9}$ (2) $-972 \equiv x \pmod{10}$

問5 $x \equiv 5 \pmod{8}$ となる2桁の自然数で最も小さいものを求めよ。

問6 $x \equiv 11 \pmod{15}$ となる整数で絶対値の最も小さいものを求めよ。

問7 $75 \equiv 12 \pmod{p}$ となる2桁の自然数 p を求めよ。

例題1　合同式を満たす x の値

x を整数とする。$x \equiv 2 \pmod{11}$ かつ $x \equiv 3 \pmod{7}$ を満たす x の値を求めよ。

解説　11で割ると2余り，7で割ると3余る整数を求める。求める x の値は無数にあるから，整数 k を用いて表す。

解答　$x \equiv 2 \pmod{11}$ より，$x-2$ は11の倍数であるから，整数 m を用いて，
$x-2=11m$，すなわち $x=11m+2$ と表される。
$x \equiv 3 \pmod{7}$ より，$x-3$ は7の倍数であるから，整数 n を用いて，
$x-3=7n$，すなわち $x=7n+3$ と表される。
よって，$11m+2=7n+3$ より，
$$11m-7n=1 \quad \cdots\cdots\cdots ①$$
$m=2,\ n=3$ は①を満たすから，
$$11\times 2 - 7\times 3 = 1 \quad \cdots\cdots\cdots ②$$
①-② より，$11(m-2)-7(n-3)=0$　　$11(m-2)=7(n-3)$
11と7は互いに素であるから，整数 k を用いて，
$$m-2=7k, \qquad n-3=11k \quad \text{と表される。}$$
このとき，$n=11k+3$ より，
$$x=7(11k+3)+3=24+77k \quad (k \text{ は整数})$$

参考　合同式の性質を使うと，簡潔な答案になる（→ p.97）。

演習問題

1 x を整数とする。$x \equiv 5 \pmod{8}$ かつ $x \equiv 5 \pmod{13}$ を満たす x の値を求めよ。

2 $x \equiv 3 \pmod{7}$ かつ $x \equiv 4 \pmod{17}$ を満たす自然数 x を小さい順に3つ書け。

コラム 合同式

合同式の記号は，大数学者ガウス（1777年－1855年）が発明したといわれ，ラテン語で書かれた著書『Disquisitiones Arithmeticae』（算術研究）の中にあります。

mod はラテン語の modulus の略語で，測定の単位を意味します。除法は，測定の単位（割る数）がいくつあるかという計算ですから，mod は割る数（除数）であるといえます。

昔，日本では除法での除数（割る数）の意味で「法」という漢字を用いていましたので，この「法」という言葉をラテン語の modulus の訳語として用いることになりました。

したがって，$a \equiv b \pmod{m}$ を「a と b は m を法として合同」というのは，「a と b は m を割る数として合同」ということと同じになります。

「法」
高木貞治著『廣算術教科書』
（国立国会図書館蔵）

ガウスは合同式の記号について，次のようにいっています。

「この新しい計算法の長所は，しばしば起ってくる要求の本質に応じているので，天才にだけ恵まれているような無意識的な霊感がなくても，この計算法を身につけた人なら誰でも問題が解ける，という点にある。全く天才でさえ途方にくれるようなこみ入った場合にも機械的に問題が解けるのである。」（遠山啓著『数学入門（下）』より）

ガウスがいうように，合同式を利用することで，他の煩雑な部分を考えずに，本質だけを取り出して考えることのできる問題が数多くあります。

★★ 合同式の性質

合同式は，法（割る数）を一定にしたとき，余りが等しいという関係を表した式であるから，記号 $\equiv$ の性質は，等号 $=$ の性質と非常に似ている。

正の整数 m を法とし，a，b，c，d を整数とすると，まず，自分自身とは合同であるから，

$$a \equiv a \pmod{m},$$

また，

$$a \equiv b \pmod{m} \text{ ならば } b \equiv a \pmod{m} \text{ である。}$$

さらに，たとえば，972 と 7 は 5 で割ったときの余りが等しく，7 と -3 も 5 で割ったときの余りが等しいから，972 と -3 は 5 で割ったときの余りが等しくなるといえる。このように，

$$a \equiv b \pmod{m} \text{ かつ } b \equiv c \pmod{m} \text{ ならば } a \equiv c \pmod{m} \text{ である。}$$

このことを証明するには，次のようにする。

[証明] $a \equiv b \pmod{m}$ より，整数 k を用いて，

$$a - b = mk \quad \cdots\cdots ① \quad \text{と表される。}$$

また，$b \equiv c \pmod{m}$ より，整数 l を用いて，

$$b - c = ml \quad \cdots\cdots ② \quad \text{と表される。}$$

① ＋ ② より，$(a-b)+(b-c)=mk+ml$

すなわち，$a-c=m(k+l)$

$k+l$ は整数であるから，

$$a \equiv c \pmod{m} \quad \blacksquare$$

このように，○ $\equiv$ △ $\pmod{m}$ を証明するには，○ $-$ △ が m の倍数であることを証明する。

●合同式の性質 1

(1) $a \equiv a \pmod{m}$

(2) $a \equiv b \pmod{m}$ ならば $b \equiv a \pmod{m}$

(3) $a \equiv b \pmod{m}$ かつ $b \equiv c \pmod{m}$ ならば $a \equiv c \pmod{m}$

問 8 $a \equiv b \pmod{m}$ のとき，$a+1 \equiv b+1 \pmod{m}$ であることを証明せよ。

問 9 $a \equiv b \pmod{m}$ のとき，$2a \equiv 2b \pmod{m}$ であることを証明せよ。

問 10 $a \equiv -1 \pmod{m}$ のとき，$a \equiv m-1 \pmod{m}$ であることを証明せよ。

問 11 $a \equiv b \pmod{m}$，$c \equiv d \pmod{m}$ のとき，次のことを証明せよ。

(1) $a+c \equiv b+d \pmod{m}$ 　　　(2) $a-c \equiv b-d \pmod{m}$

問12 次のことを証明せよ。
(1) $a \equiv b \pmod{m}$ のとき, $an \equiv bn \pmod{m}$
(2) $a \equiv b \pmod{m}$ のとき, $an \equiv bn \pmod{mn}$
(3) $an \equiv bn \pmod{mn}$ のとき, $a \equiv b \pmod{m}$

> **例題2　合同式の性質**
> $a \equiv b \pmod{m}$, $c \equiv d \pmod{m}$ のとき, $ac \equiv bd \pmod{m}$ であることを証明せよ。

解説　$a \equiv b \pmod{m}$ より, 整数 k を用いて $a-b=mk$ と表され, $c \equiv d \pmod{m}$ より, 整数 l を用いて $c-d=ml$ と表されるが, このまま辺々を掛けてもうまくいかない。そこで, $a=b+mk$, $c=d+ml$ と変形してから辺々を掛けると, $ac=bd+m \times (整数)$ と変形することができる。

証明　$a \equiv b \pmod{m}$ より, 整数 k を用いて,
$$a-b=mk \quad と表される。$$
よって, $a=b+mk$ ………①
また, $c \equiv d \pmod{m}$ より, 整数 l を用いて,
$$c-d=ml \quad と表される。$$
よって, $c=d+ml$ ………②
①×② より, $ac=(b+mk)(d+ml)$
$$=bd+mbl+mdk+m^2kl$$
$$=bd+m(bl+dk+mkl)$$
ゆえに, $ac-bd=m(bl+dk+mkl)$
$bl+dk+mkl$ は整数であるから,
$$ac \equiv bd \pmod{m} \quad \blacksquare$$

参考　$ac-bd=ac-bc+bc-bd$
$$=c(a-b)+b(c-d)$$
$$=mkc+mlb=m(ck+bl)$$
としてもよい。

問11, 問12や例題2の結果は, 本書では今後公式として使うことにする。

─● **合同式の性質2** ─
$a \equiv b \pmod{m}$ かつ $c \equiv d \pmod{m}$ のとき,
(1) $a+c \equiv b+d \pmod{m}$
(2) $a-c \equiv b-d \pmod{m}$
(3) $ac \equiv bd \pmod{m}$

例 $185 \equiv -1 \pmod{3}$, $758 \equiv 2 \pmod{3}$ であるから,
(1) $185 + 758 \equiv -1 + 2 \pmod{3}$　　すなわち, $943 \equiv 1 \pmod{3}$
(2) $758 - 185 \equiv 2 - (-1) \pmod{3}$　　すなわち, $573 \equiv 3 \pmod{3}$
　$3 \equiv 0 \pmod{3}$ であるから, $573 \equiv 0 \pmod{3}$
(3) $185 \times 758 \equiv -1 \times 2 \pmod{3}$　　すなわち, $140230 \equiv -2 \pmod{3}$

●合同式の性質 3
(1) $a \equiv b \pmod{m}$ のとき, $an \equiv bn \pmod{mn}$
(2) $an \equiv bn \pmod{mn}$ のとき, $a \equiv b \pmod{m}$

合同式の性質を使うと, 例題 1 の x の値は次のように求められる。

$x \equiv 2 \pmod{11}$ より, 　$7x \equiv 14 \pmod{77}$ ………①　←　合同式の性質 3 (1)
$x \equiv 3 \pmod{7}$ より, 　$11x \equiv 33 \pmod{77}$ ………②　←　合同式の性質 3 (1)
①×3 より, 　　　　　　　$21x \equiv 42 \pmod{77}$ ………③　←　合同式の性質 2 (3)
②×2 より, 　　　　　　　$22x \equiv 66 \pmod{77}$ ………④　←　合同式の性質 2 (3)
④－③ より, 　　　　　　　　$x \equiv 24 \pmod{77}$　　　　　←　合同式の性質 2 (2)
ゆえに, 　　　　　　　　　$x = 24 + 77k$ (k は整数)

演習問題

3　次の命題の中で, 正しいものは証明し, 正しくないものは反例を示せ。
(1) $31 \equiv -24 \pmod{5}$
(2) $a \equiv b \pmod{m}$ のとき, $-a \equiv -b \pmod{m}$
(3) $a \equiv b \pmod{m}$ のとき, $a \equiv -b \pmod{m}$
(4) $a^2 \equiv b^2 \pmod{m}$ のとき, $a \equiv b \pmod{m}$
(5) $ab \equiv 0 \pmod{m}$ のとき, $a \equiv 0 \pmod{m}$ または $b \equiv 0 \pmod{m}$
(6) $a \equiv 0 \pmod{m}$ のとき, $ab \equiv 0 \pmod{m}$
(7) $a \equiv b \pmod{m}$ かつ $a \equiv b \pmod{n}$ のとき, $a \equiv b \pmod{(m+n)}$
(8) $a \equiv b \pmod{m}$ かつ $a \equiv b \pmod{n}$ のとき, $2a \equiv 2b \pmod{(m+n)}$
(9) $a \equiv b \pmod{m}$ かつ $a \equiv b \pmod{n}$ のとき, $a \equiv b \pmod{mn}$
(10) $2a \equiv 2b \pmod{m}$ のとき, $a \equiv b \pmod{m}$

4　$1 + 2! + 3! + 4! + 5! + 6! + 7! + 8! + 9! + 10!$ を 15 で割ったときの余りを求めよ。

5　x を整数とする。$x \equiv 2 \pmod{5}$ かつ $x \equiv 5 \pmod{12}$ を満たす x の値を求めよ。

★★ 累乗の性質

合同式の性質2(3)より，$a \equiv b \pmod{m}$ かつ $c \equiv d \pmod{m}$ のとき，$ac \equiv bd \pmod{m}$ である。この式において，$c=a$，$d=b$ とすると，
$$a \equiv b \pmod{m} \text{ のとき，} a^2 \equiv b^2 \pmod{m}$$
が成り立つ。

また，$a \equiv b \pmod{m}$ と $a^2 \equiv b^2 \pmod{m}$ より，
$$a \equiv b \pmod{m} \text{ のとき，} a^3 \equiv b^3 \pmod{m}$$
が成り立つ。

さらに，これを繰り返すことにより，n を自然数として，
$$a \equiv b \pmod{m} \text{ のとき，} a^n \equiv b^n \pmod{m}$$
が成り立つ。

このことも，本書では今後公式として使うことにする。

> **●合同式の性質4**
> $a \equiv b \pmod{m}$ のとき，n を自然数として，$a^n \equiv b^n \pmod{m}$

例
$$17 \equiv -2 \pmod{19}$$
よって，$17^4 \equiv (-2)^4 \pmod{19}$
ゆえに，$17^4 \equiv 16 \pmod{19}$

問13 25^4 を 23 で割ったときの余りを求めよ。

問14 $(-65)^3$ を 61 で割ったときの余りを求めよ。

例題3 累乗を割った余り
12^{500} を 7 で割ったときの余りを求めよ。

解説 12 を 7 で割ったときの余りが 5 であるから，n を自然数として，$12^n \equiv 5^n \pmod{7}$ である。そこで，5，5^2，5^3，… と順に計算していくと，同じ数が出てきて，その数の並びが繰り返される。

解答
$$12 \equiv 5 \pmod{7}$$
$$12^2 \equiv 12 \times 12 \equiv 5 \times 5 \equiv 4 \pmod{7}$$
$$12^3 \equiv 12^2 \times 12 \equiv 4 \times 5 \equiv 6 \pmod{7}$$
$$12^4 \equiv 12^3 \times 12 \equiv 6 \times 5 \equiv 2 \pmod{7}$$
$$12^5 \equiv 12^4 \times 12 \equiv 2 \times 5 \equiv 3 \pmod{7}$$
$$12^6 \equiv 12^5 \times 12 \equiv 3 \times 5 \equiv 1 \pmod{7}$$
$$12^7 \equiv 12^6 \times 12 \equiv 1 \times 5 \equiv 5 \pmod{7}$$

$12^6 \equiv 1 \pmod{7}$ より，n を自然数として，12^n を7で割ったときの余りは，$n=1,\ 2,\ 3,\ 4,\ 5,\ 6,\ \cdots$ としていくと，5，4，6，2，3，1，$\cdots$ が繰り返される。
ここで，$500 = 6 \times 83 + 2$ であるから，
$$12^{500} \equiv 12^{6 \times 83 + 2} \equiv (12^6)^{83} \times 12^2 \equiv 12^2 \equiv 4 \pmod{7}$$
ゆえに，求める余りは 4 である。

参考 $12^3 \equiv 6 \pmod{7}$ の代わりに，
$$6 \equiv -1 \pmod{7} \text{ より，} \qquad 12^3 \equiv -1 \pmod{7}$$
とすると，
$$(12^3)^2 \equiv (-1)^2 \pmod{7} \text{ より，} 12^6 \equiv 1 \pmod{7}$$
であることがわかる。このように，負の数も考えた絶対値最小剰余を利用すると，計算が楽になることがある。

参考 7が素数であるから，フェルマーの小定理（→p.122）を使うと，
$$12^{7-1} \equiv 1 \pmod{7}$$
がただちにわかる。

演習問題

6 $7^n \equiv 1 \pmod{11}$ となる最小の自然数 n を求めよ。

7 整数 a を5で割ると2余るとき，a^{1000} を5で割ったときの余りを求めよ。

8 5^{1000} を9で割ったときの余りを求めよ。

9 2018^{2019} の一の位の数を求めよ。

合同式とその性質は，整数の性質に関する証明に対しても有効である。ここでは，それを見ていこう。

例題4　合同式を利用した証明

$a,\ b,\ c$ を整数とする。合同式を利用して，次のことを証明せよ。
(1) a^2 を3で割った余りは0または1である。
(2) $a^2 + b^2 = c^2$ であるとき，$a,\ b$ の少なくとも一方は3の倍数である。

解説　3章の例題7（→p.71）と同じ問題である。合同式を使うと，証明が簡潔になる。
(1) $a \equiv 0 \pmod{3}$，$a \equiv 1 \pmod{3}$，$a \equiv 2 \pmod{3}$ のそれぞれの場合について，合同式の性質を利用して a^2 を計算するとよい。
　　別証のように，絶対値最小剰余を使うと，証明がさらに簡潔になる。
(2)「少なくとも一方は3の倍数」とあるから，「両方とも3の倍数でない」として矛盾を導くのは例題7と同じであるが，合同式の性質を利用すると，証明が簡潔になる。

[証明] (1) 整数 a は，$a \equiv 0 \pmod{3}$, $a \equiv 1 \pmod{3}$, $a \equiv 2 \pmod{3}$ のいずれかに分類される。

(i) $a \equiv 0 \pmod{3}$ のとき，
$a^2 \equiv 0 \pmod{3}$ よって，a^2 は3の倍数である。

(ii) $a \equiv 1 \pmod{3}$ のとき，
$a^2 \equiv 1^2 \equiv 1 \pmod{3}$ よって，a^2 は3で割ると1余る。

(iii) $a \equiv 2 \pmod{3}$ のとき，
$a^2 \equiv 2^2 \equiv 1 \pmod{3}$ よって，a^2 は3で割ると1余る。

ゆえに，a^2 を3で割った余りは0または1である。   ■

(2) a, b はともに3の倍数でないと仮定する。

このとき，(1)より，a^2, b^2 はともに3で割ると1余るから，合同式を利用すると，
$a^2 \equiv 1 \pmod{3}$, $b^2 \equiv 1 \pmod{3}$
$a^2 + b^2 \equiv 1 + 1 \equiv 2 \pmod{3}$

よって，$a^2 + b^2$ は3で割ると2余る。

一方，(1)より，c も整数であるから，c^2 を3で割った余りは0または1である。$a^2 + b^2 = c^2$ の両辺を3で割った余りが，左辺と右辺で異なることはあり得ないから，矛盾が生じる。

ゆえに，a, b の少なくとも一方は3の倍数である。   ■

[別証] (1) 整数 a は，$a \equiv 0 \pmod{3}$, $a \equiv \pm 1 \pmod{3}$ のいずれかに分類される。

(i) $a \equiv 0 \pmod{3}$ のとき，
$a^2 \equiv 0 \pmod{3}$ よって，a^2 は3の倍数である。

(ii) $a \equiv \pm 1 \pmod{3}$ のとき，
$a^2 \equiv (\pm 1)^2 \equiv 1 \pmod{3}$ よって，a^2 は3で割ると1余る。

ゆえに，a^2 を3で割った余りは0または1である。   ■

[注意] 3章の例題7（→p.71）と比べると，合同式の性質の証明に該当する部分が省略され，証明が簡潔になっている。入学試験などでは，合同式の性質の証明に該当する部分が証明できるかどうかを出題者としては見たい場合もあり，合同式を利用すると，減点されてしまう可能性もある。便利だからといって安易に合同式を使うことは避けたい。

演習問題

10　a, b を整数とする。a, b がともに3の倍数でないとき $a^4 + a^2 b^2 + b^4$ が3の倍数であることを，合同式を利用して証明せよ。

11　a, b, c を整数とする。合同式を利用して，次のことを証明せよ。

(1) a^2 を5で割った余りは3とならない。

(2) $a^2 + b^2 = c^2$ であるとき，a, b, c の少なくとも1つは5の倍数である。

2 ** 合同式の解

** 合同式の解

　整数 x を3倍したとき一の位が7となる数は，どのような数であろうか。
整数 x を3倍したとき一の位が7となるということを，合同式を使うと，
$$3x \equiv 7 \pmod{10} \quad \text{と表すことができる。}$$
このとき，整数 k を用いて，
$$3x = 7 + 10k \quad \text{と表される。}$$
よって，　　$3x - 10k = 7$ ………①
$x=9$, $k=2$ は①を満たすから，
$$3 \times 9 - 10 \times 2 = 7 \text{ ………②}$$
①-② より，$3(x-9) - 10(k-2) = 0 \quad 3(x-9) = 10(k-2)$
3と10は互いに素であるから，整数 l を用いて，
$$x - 9 = 10l \quad \text{と表される。}$$
ゆえに，　　$x = 9 + 10l$
合同式を使って表すと，
$$x \equiv 9 \pmod{10} \quad \text{となる。}$$
　このとき，$x \equiv 9 \pmod{10}$ を合同式 $3x \equiv 7 \pmod{10}$ の**解**といい，
$x \equiv 9 \pmod{10}$ を求めることを**合同式を解く**という。
　一般に，与えられた合同式から，
$$\boldsymbol{x \equiv a \pmod{m}}, \quad \boldsymbol{0 \leq a < m}$$
の形の式を求めることを，合同式を解くという。

> 合同式の解
> $x \equiv a \pmod{m}$
> $0 \leq a < m$

　これまでは，合同式の解を求める問題をいったん等式に
もどして考えたが，合同式のままで簡潔に求める方法を考えてみよう。
　$3x \equiv 7 \pmod{10}$ の解を求めてみよう。
$7 \equiv 27 \pmod{10}$ であるから，
$$3x \equiv 27 \pmod{10}$$
両辺を3で割ると，
$$x \equiv 9 \pmod{10}$$
と簡単に求められる。

　ところで，演習問題3⑽（→p.97）で見たように，$ax \equiv ab \pmod{m}$ ならば，
$x \equiv b \pmod{m}$ は，一般には成り立たない。しかし，$3x \equiv 27 \pmod{10}$ の場
合には，$ax \equiv ab \pmod{m}$ ならば，$x \equiv b \pmod{m}$ として解を求めてよいよ
うに思われる。

それでは，どのようなときに，$ax \equiv ab \pmod{m}$ ならば，$x \equiv b \pmod{m}$ が成り立つのであろうか。

$ax \equiv ab \pmod{m}$ を等号を用いて表すと，整数 k を用いて，
$$ax - ab = mk \quad \text{となる。}$$
よって，$\quad a(x-b) = mk$

a と m が互いに素であるときは，$x-b$ は m の倍数であるから，整数 l を用いて，
$$x - b = ml \quad \text{と表される。}$$
ゆえに，解は，$\quad x \equiv b \pmod{m} \quad$ となる。

このことをまとめておこう。

●合同式の性質5

自然数 a と m が**互いに素**であるとき，
$$ax \equiv ab \pmod{m} \quad \text{ならば} \quad x \equiv b \pmod{m}$$

このことは，本書では今後公式として使うことにする。

注意 合同式 $ax \equiv ab \pmod{m}$ において，a と m が互いに素でないとき，たとえば，$5x \equiv 5 \pmod{10}$ では，$x \equiv 3 \pmod{10}$ なども解になるから，機械的に $x \equiv 1 \pmod{10}$ としてはいけない。

この公式を使うときは，必ず x の係数 a と法 m が**互いに素**であることを確認してから使うようにする。

問15 次の合同式を解け。
(1) $7x \equiv 28 \pmod{12}$ (2) $6x \equiv 72 \pmod{35}$
(3) $8x \equiv 0 \pmod{9}$

例題5 合同式を解く

次の合同式を解け。
(1) $12x \equiv -60 \pmod{11}$ (2) $7x \equiv 3 \pmod{8}$

解説 (1) $12x \equiv -60 \pmod{11}$ において，12 と 11 は互いに素であるから，両辺を 12 で割ることができる。割った結果が負の数であるときは，解としては法 11 より小さい自然数を求めるのであるから，その負の数と合同な自然数を答える。

(2) $7x \equiv 3 \pmod{8}$ において，8 を法として 3 と合同な 7 の倍数を求める。7 と 8 が互いに素であるから，合同式の性質5を使うことができる。

また，別解のように，$7a \equiv 1 \pmod{8}$ となる a を見つけると，両辺に a を掛けることで，$7x \equiv 3 \pmod{8}$，$7ax \equiv 3a \pmod{8}$，$x \equiv 3a \pmod{8}$ というように，解が求められる。この問題では，$7^2 \equiv 1 \pmod{8}$ であるから，両辺に 7 を掛ける。

解答 (1) $\qquad 12x \equiv -60 \pmod{11}$

12 と 11 は互いに素であるから,両辺を 12 で割って,
$$x \equiv -5 \pmod{11}$$
$-5 \equiv 6 \pmod{11}$ であるから,
$$x \equiv 6 \pmod{11}$$

(2) $3 \equiv 35 \pmod 8$ であるから,
$$7x \equiv 35 \pmod 8$$
7 と 8 は互いに素であるから,
$$x \equiv 5 \pmod 8$$

別解 1 (2) $\qquad 7x \equiv 3 \pmod 8 \quad \cdots\cdots\cdots ①$

$7^2 \equiv 1 \pmod 8$ であるから,①の両辺に 7 を掛けて,
$$7^2 x \equiv 7 \times 3 \pmod 8 \qquad \text{よって,} \quad x \equiv 21 \pmod 8$$
$21 \equiv 5 \pmod 8$ であるから,
$$x \equiv 5 \pmod 8$$

別解 2 (2) $\qquad 7x \equiv 3 \pmod 8 \quad \cdots\cdots\cdots ①$

$-7 \equiv 1 \pmod 8$ であるから,①の両辺に -1 を掛けて,
$$-7x \equiv -3 \pmod 8 \qquad \text{よって,} \quad x \equiv -3 \pmod 8$$
$-3 \equiv 5 \pmod 8$ であるから,
$$x \equiv 5 \pmod 8$$

参考 自然数 a と m が互いに素であるとき,$\varphi(m)$ を m のオイラー関数(m と互いに素である m 以下の自然数の個数)とすると,
$$a^{\varphi(m)} \equiv 1 \pmod m$$
が成り立つ(→p.121,オイラーの定理参照)。

このことを利用すると,$ax \equiv b \pmod m$ において,自然数 a と m が互いに素であれば,両辺に $a^{\varphi(m)-1}$ を掛けることにより,合同式の解を求めることができる。
$$ax \equiv b \pmod m$$
$$a^{\varphi(m)-1} ax \equiv a^{\varphi(m)-1} b \pmod m$$
$$a^{\varphi(m)} x \equiv a^{\varphi(m)-1} b \pmod m$$
$$x \equiv a^{\varphi(m)-1} b \pmod m$$

たとえば,$7x \equiv 3 \pmod 8$ において,$\varphi(8) = 4$ であり,7 と 8 は互いに素であるから,$7^4 \equiv 1 \pmod 8$ が成り立つ。$7x \equiv 3 \pmod 8$ の両辺に 7^3 を掛けると,
$7^4 x \equiv 7^3 \times 3 \pmod 8$ より,$x \equiv 7^3 \times 3 \equiv 7 \times 3 \equiv 5 \pmod 8$

演習問題

12 次の合同式を解け。
(1) $5x \equiv -3 \pmod 7$ 　　(2) $6x \equiv 25 \pmod{11}$
(3) $13x + 7 \equiv -10 \pmod 8$

6章 巻末問題

ここでは，1章から5章までの内容の理解を深めるために，整数に関する問題や興味深い問題を演習する。これらのほとんどは，大学入学試験に出題されたものである。

★★ 整数の基本

1 次のことを証明せよ。
(1) a, b, c は1桁の正の整数とする。3桁の整数 $N=100a+10b+c$ が7の倍数となる必要十分条件は，$2a+3b+c$ が7の倍数となることである。
(2) 6桁の正の整数 N を3桁ごとに2つの数に分けたとき，前の数と後の数の差が7の倍数であるならば，N は7の倍数である。

2 m, n は0以上の整数とする。n 以下の素数の個数を $f(n)$ と書き，$f(n)$ が m 以上であるような n の最小値を $g(m)$ と書く。このとき，次の問いに答えよ。
(1) $f(20)$ を求めよ。
(2) $g(1), g(10)$ を求めよ。

3 正の整数 x を素因数分解したとき現れる素因数のすべての和を $S(x)$ と表す。たとえば，$x=72=2^3\times3^2$ のとき，$S(72)=2+2+2+3+3=12$ である。このとき，次の問いに答えよ。
(1) $S(440)$ を求めよ。
(2) ある正の整数 k を素因数分解したとき3種類の素因数が現れ，$S(k)=17$ となった。このような正の整数 k を求めよ。

4 $\dfrac{504}{n}$ が自然数になり，$\dfrac{n}{825}$ がこれ以上約分できないような分数になる最大の整数 n を求めよ。

5 $\dfrac{n^2}{48}, \dfrac{n^3}{225}, \dfrac{n^4}{486}$ がすべて整数となるような自然数 n のうち，最小のものを求めよ。

6 2から50までの自然数を素因数分解したとき，素因数の種類が最も多くなる最大の数はどれか。また，素因数の個数が最も多くなる最大の数はどれか。

7 3乗して2になる数を $\sqrt[3]{2}$ と書く。$\sqrt[3]{2}$ が無理数であることを，素因数分解の一意性を利用して証明せよ。

8 a, b を100以下の正の整数とする。2つの既約分数 $\dfrac{a}{27}$, $\dfrac{31}{b}$ について，$\dfrac{a}{27}+\dfrac{31}{b}$ が整数であるとき，正の整数の組 (a, b) を求めよ。

9 1次不定方程式 $3x+5y=2018$ を満たす自然数の組 (x, y) は何組あるか。

10 次の問いに答えよ。
(1) 整数 x, y が $25x-31y=1$ を満たすとき，$x-5$ は31の倍数であることを証明せよ。
(2) $1 \leqq y \leqq 100$ とする。このとき，不等式 $0 \leqq 25x-31y \leqq 1$ を満たす整数の組 (x, y) を求めよ。

★★ 除法の原理

11 1円硬貨，5円硬貨，50円硬貨が合わせて100枚あり，その合計金額はちょうど500円であった。このとき，1円硬貨，5円硬貨，50円硬貨はそれぞれ何枚あるか。ただし，どの硬貨も少なくとも1枚はあるものとする。

12 n を正の整数とするとき，次のことを証明せよ。
(1) n^2+1 が5の倍数であることと，n を5で割ったときの余りが2または3であることは同値である。
(2) a は正の整数であり，$p=a^2+1$ は素数であるとする。このとき，n^2+1 が p の倍数であることと，n を p で割ったときの余りが a または $p-a$ であることは同値である。

13 a, b を整数とするとき,次のことを証明せよ。
(1) ab が3の倍数であるとき,a または b は3の倍数である。
(2) $a+b$ と ab がともに3の倍数であるとき,a と b はともに3の倍数である。
(3) $a+b$ と a^2+b^2 がともに3の倍数であるとき,a と b はともに3の倍数である。

14 1次不定方程式 $1360x+629y=17$ の整数解を求めよ。

15 a, b を正の整数とする。a を b で割った商は q_1,余りは $r_1>0$ となり,b を r_1 で割った商は q_2,余りは $r_2>0$ となり,r_1 を r_2 で割った商は q_3,余りは $r_3>0$ となり,r_2 を r_3 で割った商は q_4,余りは $r_4=0$ となったとする。すなわち,$a=bq_1+r_1$,$b=r_1q_2+r_2$,$r_1=r_2q_3+r_3$,$r_2=r_3q_4$ とする。
(1) r_3 は r_1 の約数であることを示せ。また,r_3 は b および a の約数であることを示せ。
(2) c が a と b の公約数であるとき,c は r_1 の約数であることを示せ。また,c は r_2 と r_3 の公約数であることを示せ。
(3) r_1 は整数 x, y を用いて $ax+by$ の形で表されることを示せ。また,r_2,r_3 も同様に $ax+by$ の形で表されることを示せ。
(4) a と b の最大公約数 d は,整数 x, y を用いて $ax+by$ の形で表されることを示せ。

16 a, b を0でない整数とする。集合 A を $A=\{ax+by|x, y$ は整数$\}$ とし,集合 A の正の要素のうち最小であるものを $d=ax_0+by_0$ とするとき,次のことを証明せよ。
(1) A の2つの要素の和は A の要素である。
(2) A の要素はすべて d で割り切れる。
(3) a と b の最大公約数を g とするとき,$g=d$ である。
(4) a と b の最大公約数 g の倍数全体の集合を B とするとき,$A=B$ である。

★★ 不定方程式の整数解

17 方程式 $\dfrac{1}{x}+\dfrac{1}{2y}+\dfrac{1}{3z}=\dfrac{4}{3}$ ……① を満たす自然数の組 (x, y, z) について，次の問いに答えよ。

(1) $x=1$ のとき，自然数の組 (y, z) を求めよ。
(2) x のとりうる値を求めよ。　　(3) 方程式①を解け。

18 次の問いに答えよ。

(1) 自然数 x, y は，$1<x<y$ および $\left(1+\dfrac{1}{x}\right)\left(1+\dfrac{1}{y}\right)=\dfrac{5}{3}$ を満たす。x, y の組を求めよ。

(2) 自然数 x, y, z は，$1<x<y<z$ および $\left(1+\dfrac{1}{x}\right)\left(1+\dfrac{1}{y}\right)\left(1+\dfrac{1}{z}\right)=\dfrac{12}{5}$ を満たす。x, y, z の組を求めよ。

19 p, q を互いに素である正の整数とするとき，次のことを証明せよ。
(1) 任意の整数 x に対して，p 個の整数 $x-q, x-2q, \cdots, x-pq$ を p で割った余りはすべて相異なる。
(2) $x>pq$ である任意の整数 x は，適当な正の整数 a, b を用いて，$x=pa+qb$ と表される。

20 連続する3個の整数について，最大の数の3乗が他の2数のおのおのの3乗の和に等しくなることはない。このことを証明せよ。

21 2組の3整数の組合せ $\{1, 10, 11\}$ と $\{2, 7, 13\}$ に対して，
$$1+10+11=2+7+13 \qquad 1^2+10^2+11^2=2^2+7^2+13^2$$
が成り立つ。このように和も平方の和も等しくなる2組の3整数の組合せはたくさんある。次の問いに答えよ。
(1) 1から7までの7個の整数の中の相異なる6個の整数を用いて，和も平方の和も等しくなるような2組の3整数の組合せを1つ見つけよ。
(2) どのような連続する7個の整数についても，その中の相異なる6個の整数を用いて，和も平方の和も等しくなるような2組の3整数の組合せをつくることができることを示せ。

22 2以上の整数 m, n は，$m^3+1^3=n^3+10^3$ を満たす。このとき，m, n の値を求めよ。

★★ 合同式

23 合同式 $6x^2-x-1 \equiv 0 \pmod 7$ を解け。

24 n を自然数とする。n が次の値のとき，$(n-1)! \equiv x \pmod n$，$0 \leq x \leq n-1$ を満たす x の値を求めよ。
(1) $n=3$
(2) $n=4$
(3) $n=5$
(4) $n=6$
(5) $n=7$
(6) $n=10$
(7) $n=11$

25 n が 5 以上の自然数であるとき，$1+2!+3!+\cdots+n!$ は平方数にならないことを，10 を法とする合同式を利用して証明せよ。

26 n を正の整数とし，3^n を 17 で割ったときの余りを $r(n)$ とする。このとき，次の問いに答えよ。
(1) $r(3)$，$r(5)$，$r(8)$，$r(11)$，$r(25)$ の値をそれぞれ求めよ。
(2) 任意の正の整数 n について，$r(n)=r(n+k)$ が成り立つような正の整数 k を考える。このような k のうち最小のものを求めよ。また，このことを利用して，$r(2004)$ の値を求めよ。
(3) 整数 a，b が $0 \leq b < a \leq 20$ を満たすとき，3^a+3^b が 17 で割り切れるような組 (a, b) は全部でいくつあるか。

27 次の問いに答えよ。
(1) ある 2 桁の正の整数 m を 2 乗すると，下 2 桁が 36 になるという。この条件を満たす m の値を求めよ。
(2) ある 2 桁の正の整数 n を 3 乗すると，下 2 桁が 36 になるという。この条件を満たす n の値を求めよ。

28 p を 3 以上の素数として，1 から $p-1$ までの自然数の集合を A とおく。また，$k \in A$ に対して，$2k$ を p で割ったときの余りを r_k とする。このとき，次のことを証明せよ。
(1) 集合 $B=\{r_1, r_2, \cdots, r_{p-1}\}$ は A と一致する。
(2) $2^{p-1}-1$ は p で割り切れる。

コラム タクシー数

巻末問題 22 の結果より，$12^3+1^3=9^3+10^3=1729$ となりますが，1729 は次のようなエピソードで知られています。

イギリスの数学者ハーディ（1877 年－1947 年）が，インド出身の天才数学者ラマヌジャン（1887 年－1920 年）が入院している病院に見舞いに行ったときのタクシーのナンバーが 1729 でした。ハーディが 1729 がつまらない数だといったところ，ラマヌジャンは「そんなことはありません。1729 は 2 つの立方数の和で 2 通りに表される最小の数です」といったということです。

後に，これは一般化されて，「2 つの正の立方数の和として異なる n 通りに表される最小の正の整数」がタクシー数 $\mathrm{Ta}(n)$ と定義されました。

たとえば，
$$\mathrm{Ta}(1)=1^3+1^3=2$$
$$\mathrm{Ta}(2)=1^3+12^3=9^3+10^3=1729$$
です。

ハーディはライト（1906 年－2005 年）との共著の中で，「すべての自然数 n について $\mathrm{Ta}(n)$ が存在する」ことを証明しましたが，具体的な $\mathrm{Ta}(n)$ は示されていません。$\mathrm{Ta}(3)$ が求められたのが 1957 年，$\mathrm{Ta}(6)$ が求められたのは 2008 年のことです。現在では $\mathrm{Ta}(6)$ までわかっていますが，$\mathrm{Ta}(7)$ 以上は上限がわかっているだけで，その数がいくつなのかわかりません。

また，タクシー数の定義の「正の立方数」という条件を緩めて「立方数」とした数をキャブタクシー数といい，$\mathrm{Cabtaxi}(n)$ と表します。

たとえば，
$$\mathrm{Cabtaxi}(1)=1^3+0^3=1$$
$$\mathrm{Cabtaxi}(2)=3^3+4^3=6^3+(-5)^3=91$$
$$\mathrm{Cabtaxi}(3)=6^3+8^3=9^3+(-1)^3=12^3+(-10)^3=728$$
です。

$\mathrm{Cabtaxi}(2)$ より，$3^3+4^3+5^3=6^3$

$\mathrm{Cabtaxi}(3)$ より，$1^3+6^3+8^3=9^3$，$6^3+8^3+10^3=12^3$

が成り立つことがわかります。現在では $n=10$ までのキャブタクシー数が知られています。

研究 ★★ 整数に関する定理と証明

研究では、素数や素因数分解、連続する整数、除法の原理などに関する定理の証明や、中国の剰余定理、オイラーの定理などを紹介する。

1 ★★ 素数と素因数分解に関する定理とその証明

素数についての最も基本的なことがらを証明する。なお、ここで扱う数の範囲はすべて自然数である。

● ★★ 素因数分解について

小さい数では、素因数分解が簡単にでき、それが積の順序の違いを除いてただ1通りであることは容易にわかるが、たとえば 1157839381 のような大きい数で確かめることは困難である。しかし、文字式を利用することによって証明していくことができる。

まず、素数に関する基本的な性質について体系的に理解するために、きちんとした証明を見てみよう。

次の基本事項1と2は、証明なしで認めるものとする。

(基本事項1) 自然数全体の集合 N の部分集合 S は最小の要素 m をもつ。

たとえば、S を正の偶数の集合とすると、
$$S = \{2, 4, 6, 8, \cdots\} \text{ で, } m = 2$$
であり、S を2桁の 385 の約数の集合とすると、
$$S = \{11, 35, 55, 77\} \text{ で, } m = 11$$
である。

(基本事項2) 2つの整数 a, b について、
$$ab = 0 \text{ ならば } a = 0 \text{ または } b = 0 \text{ である。}$$

これを利用すると、整数 a, b, c について、
$$a \neq 0 \text{ かつ } ab = ac \text{ ならば,}$$
$ab - ac = a(b-c) = 0$ であるから、
$$b - c = 0 \qquad \text{すなわち, } b = c$$
となる。

> ●定理1（素因数の存在定理）
>
> 合成数 a は素数を約数にもつ。

解説 背理法で証明する。この証明で使うのは，自然数の部分集合が最小の要素をもつこと（基本事項1）である。

証明 合成数 a の2以上の約数の集合を考えると，基本事項1より，この中に最小のものがある。それを b とおく。

このとき，自然数 k_1 が存在して，
$$a = bk_1 \quad \text{と表される。}$$
b が素数でないと仮定すると，b は合成数であるから，b の1以外の正の約数 c（$b > c > 1$）と2以上の自然数 k_2 が存在して，
$$b = ck_2 \quad \text{と表される。}$$
よって，$\quad a = ck_1 k_2$

すなわち，c は a の約数となり，b が a の2以上の約数のうち最小であることに反する。

ゆえに，b は素数であり，合成数 a は素数を約数にもつ。　 ▨

> ●定理2（素因数分解可能の定理）
>
> 2以上の自然数 a は素数だけの積の形に表すことができる。

解説 素因数の存在定理を繰り返し使うことにより，証明する。ある自然数から始めて次々と小さい自然数をつくり出す操作をすると，その操作によってつくり出される自然数の部分集合は，基本事項1より，最小の要素で終了する。すなわち，操作は必ず有限回で終わることになる。

この「操作の有限性」は，整数に関する重要な証明でよく使われる手法である。この方法を理解し，他の問題に応用できるようにするとよい。

証明 2以上の自然数 a が素数でないとき，

素因数の存在定理より，ある素数 p_1 と自然数 b_1（$a > b_1 > 1$）が存在して，
$$a = p_1 b_1 \quad \text{と表される。}$$
b_1 が素数でないとき，

ある素数 p_2 と自然数 b_2（$b_1 > b_2 > 1$）が存在して，
$$b_1 = p_2 b_2 \quad \text{と表される。}$$
この操作を繰り返すと，自然数の列 $b_1 > b_2 > \cdots > 1$ が得られるが，a は2以上の自然数であるから，この操作は有限回（n 回とする）で終了し，b_n は素数となる。これを p_{n+1} とおくと，
$$a = p_1 \cdots p_n p_{n+1}$$
ゆえに，2以上の自然数 a は素数だけの積の形に表すことができる。　 ▨

●定理3（素因数分解の一意性）
素因数分解は積の順序の違いを除いてただ1通りである。

解説 背理法で証明する。N を2通りの素因数分解をもつ最小の自然数と仮定すると，N より小さい自然数で2通りの素因数分解をもつものが存在し，矛盾が生じることを示す。

証明は若干複雑なので，段階を追って読んでいってほしい。それぞれの段階を1つ1つチェックしながら，基本事項1，2がどのように使われているかを確認するとよい。

第1段階は，2通りの素因数分解をもつ自然数の集合を考えると，基本事項1より最小の要素 N がある。N の2通りの素因数分解を
$$N=p_1p_2\cdots p_n=q_1q_2\cdots q_m \quad (p_1\leq p_2\leq\cdots\leq p_n,\ q_1\leq q_2\leq\cdots\leq q_m)$$
として，$P=\{p_1,\ p_2,\ \cdots,\ p_n\}$, $Q=\{q_1,\ q_2,\ \cdots,\ q_m\}$ とおき，P と Q に同じ要素がないことを示す。

第2段階は $n\geq 2$, $m\geq 2$ を示し，第3段階は $p_1q_1<N$ を示す。

第4段階は，$M=N-p_1q_1$ とおいて，M は p_1 と q_1 の倍数であることを示す。

第5段階は，第4段階より，N より小さい2通りの素因数分解をもつ自然数の存在を示す。

証明 （第1段階） N を2通りの素因数分解をもつ最小の自然数と仮定し，その2通りの素因数分解を
$$N=p_1p_2\cdots p_n=q_1q_2\cdots q_m \quad (p_1\leq p_2\leq\cdots\leq p_n,\ q_1\leq q_2\leq\cdots\leq q_m)$$
として，$P=\{p|p\ は\ p_1p_2\cdots p_n\ の素因数\}$, $Q=\{q|q\ は\ q_1q_2\cdots q_m\ の素因数\}$ とおく。

ここで，$P\cap Q\neq\phi$ とすると，ある素数 p が存在して，$p\in P\cap Q$ となる。このとき，p を除いた P の要素をすべて掛けてできる自然数と，p を除いた Q の要素をすべて掛けてできる自然数が等しくなり，しかも，その自然数は異なる素因数分解をもつことになる。これは N が最小であることに反する。

よって，　$P\cap Q=\phi$

（第2段階） ここで，$n=1$ とすると，$p_1=q_1q_2\cdots q_m$ となり，p_1 が素数であることに反する。　　よって，$n\geq 2$　　同様に，$m\geq 2$

（第3段階） $p_1\leq p_2$, $q_1\leq q_2$ であるから，
$$p_1^2\leq p_1p_2\leq N, \qquad q_1^2\leq q_1q_2\leq N$$
よって，　$p_1^2q_1^2\leq N^2$ 　　すなわち，$p_1q_1\leq N$

ここで，$p_1q_1=N$ とすると，$p_1q_1=p_1p_2\cdots p_n$ であるから，
基本事項2より，$q_1=p_2\cdots p_n$ となる。
これは，$n=2$ とすると $P\cap Q=\phi$ であることに反し，
$n\geq 3$ とすると q_1 が素数であることに反する。　　よって，$p_1q_1<N$

（第4段階） ここで，$M=N-p_1q_1$ とおく。
$$M=p_1p_2\cdots p_n-p_1q_1=p_1(p_2\cdots p_n-q_1) \quad \cdots\cdots\cdots ①$$
であるから，M は p_1 の倍数である。
また，$\quad M=q_1q_2\cdots q_m-p_1q_1=q_1(q_2\cdots q_m-p_1) \quad \cdots\cdots\cdots ②$
であるから，M は q_1 の倍数である。

（第5段階） ①，②より，$p_1(p_2\cdots p_n-q_1)=q_1(q_2\cdots q_m-p_1) \quad \cdots\cdots\cdots ③$
③について，次の2つの場合が考えられる。
(i) $p_2\cdots p_n-q_1$ が q_1 の倍数であるとき，
　整数 k を用いて，$p_2\cdots p_n-q_1=q_1k$ と表される。
$$p_2\cdots p_n=q_1k+q_1=q_1(k+1)$$
$p_2\cdots p_n$ は q_1 を素因数としてもつが，q_1 は p_1, …, p_n のいずれとも異なる。
よって，$p_2\cdots p_n$ は2通りの素因数分解をもち，$p_2\cdots p_n<N$ より N が2通りの素因数分解をもつ最小の自然数であることに反する。

(ii) $p_2\cdots p_n-q_1$ が q_1 の倍数でないとき，
$$p_2\cdots p_n-q_1=\alpha_2\cdots\alpha_l \quad (\alpha_2, \cdots, \alpha_l \text{ は } q_1 \text{ と異なる素数})$$
と素因数分解され，$p_1\alpha_2\cdots\alpha_l=q_1(q_2\cdots q_m-p_1)$
これは M が2通りの素因数分解をもつことを示している。$M<N$ より N が2通りの素因数分解をもつ最小の自然数であることに反する。

ゆえに，2通りの素因数分解をもつ自然数の集合は存在しない。すなわち，素因数分解は積の順序の違いを除いてただ1通りである。　■

●★★ 素数が無限にあることの証明

素数が無限にあることの証明は，『ユークリッド原論』にある次の証明が有名である。

証明 素数が全部で n 個あると仮定し，それを q_1, q_2, …, q_n とする。
$A=q_1q_2\cdots q_n+1$ という数を考えると，A は合成数であるから，ある素数 p を因数にもつ。素数は全部で n 個しかないから，p は q_1, q_2, …, q_n の中の1つと同じである。
そこで，$p=q_m$（$1\leq m\leq n$）とすると，整数 k を用いて，$A=q_mk$ と表されるから，$q_mk=q_1q_2\cdots q_n+1$　　よって，$q_mk-q_1q_2\cdots q_n=1$
左辺は q_m で割り切れ，右辺は q_m で割ると1余るから，矛盾が生じる。
したがって，素数は無限個ある。　■

注意 素数 q_1, q_2, …, q_n について，$q_1<q_2<\cdots<q_n$ として，$A_n=q_1q_2\cdots q_n+1$ とする。すなわち，$q_1=2$, $q_2=3$, $q_3=5$, … とすると，$A_1=2+1=3$, $A_2=2\times 3+1=7$, … と素数になるが，すべての n について A_n は素数とは限らない。たとえば，$A_6=2\times 3\times 5\times 7\times 11\times 13+1=59\times 509$ となり，素数にはならない。

2 ** 連続する整数の積

3章（→p.73）では，連続する2つの整数の積が2の倍数であることと，連続する3つの整数の積が6の倍数であることを証明した。ここでは，それを発展させて，連続する n 個の整数の積が $n!$ で割り切れることを証明してみよう。

> **● 定理（連続する n 個の整数の積は $n!$ で割り切れる）**
> m を整数とし，$m+1$ から始まる連続する n 個の整数の積を $P(m, n)$ とする。$P(m, n)$ は $n!$ の倍数である。

証明 $P(m, n)=(m+1)(m+2)\cdots(m+n-1)(m+n)$ である。
3章（→p.73）より，
$\qquad P(m, 2)=(m+1)(m+2)$ は $2!$ の倍数であり，
$\qquad P(m, 3)=(m+1)(m+2)(m+3)$ は $3!$ の倍数である。
$P(m, 3)$ は $3!$ の倍数であるから，整数 N_m を用いて，
$\qquad P(m, 3)=3!N_m$ と表される。
まず，$P(m, 4)=(m+1)(m+2)(m+3)(m+4)$ を考える。
$\qquad P(m, 4)-P(m-1, 4)$
$\qquad =(m+1)(m+2)(m+3)(m+4)-m(m+1)(m+2)(m+3)$
$\qquad =(m+1)(m+2)(m+3)\{(m+4)-m\}$
$\qquad =4(m+1)(m+2)(m+3)$
$\qquad =4P(m, 3)=4!N_m$
$m>0$ のとき，
$\qquad P(m, 4)$
$\qquad =(P(m, 4)-P(m-1, 4))+(P(m-1, 4)-P(m-2, 4))+\cdots$
$\qquad\qquad +(P(2, 4)-P(1, 4))+(P(1, 4)-P(0, 4))+P(0, 4)$
$\qquad =4!N_m+4!N_{m-1}+\cdots+4!N_2+4!N_1+4!$
$\qquad =4!(N_m+N_{m-1}+\cdots+N_2+N_1+1)$
よって，$P(m, 4)$ は $4!$ の倍数である。
つぎに，$P(m, 5)=(m+1)(m+2)(m+3)(m+4)(m+5)$ であるから，
$\qquad P(m, 5)-P(m-1, 5)$
$\qquad =(m+1)(m+2)(m+3)(m+4)(m+5)$
$\qquad\qquad\qquad\qquad -m(m+1)(m+2)(m+3)(m+4)$
$\qquad =(m+1)(m+2)(m+3)(m+4)\{(m+5)-m\}$
$\qquad =5(m+1)(m+2)(m+3)(m+4)$
$\qquad =5P(m, 4)$
$P(m, 4)$ と同様にして，$P(m, 5)$ は $5!$ の倍数である。

このようにして、すべての整数 m について $P(m,\ n-1)$ が $(n-1)!$ の倍数であるとすると、
$$P(m,\ n)-P(m-1,\ n)$$
$$=(m+1)(m+2)\cdots(m+n-1)(m+n)$$
$$\qquad\qquad\qquad -m(m+1)(m+2)\cdots(m+n-1)$$
$$=(m+1)(m+2)\cdots(m+n-1)\{(m+n)-m\}$$
$$=n(m+1)(m+2)\cdots(m+n-1)$$
$$=nP(m,\ n-1)$$
よって、$P(m,\ n)-P(m-1,\ n)$ は $n!$ の倍数である。
また、$P(0,\ n)=n!$ であるから、
$$P(m,\ n)$$
$$=(P(m,\ n)-P(m-1,\ n))+(P(m-1,\ n)-P(m-2,\ n))+\cdots$$
$$\qquad +(P(2,\ n)-P(1,\ n))+(P(1,\ n)-P(0,\ n))+P(0,\ n)$$
よって、$P(m,\ n)$ は $n!$ の倍数である。
$m<0$ のときも、同様に、
$$P(m+1,\ n)-P(m,\ n)=nP(m+1,\ n-1)$$
であることを利用して、$P(m,\ n)$ が $n!$ の倍数であることが示される。
ゆえに、$P(m,\ n)$ は $n!$ の倍数である。　■

参考　$m\geqq 0$ のとき、
$$P(m,\ n)=(m+1)(m+2)\cdots(m+n-1)(m+n)=\frac{(m+n)!}{m!}$$
である。また、$P(m,\ n)$ は $n!$ の倍数であるから、組合せの数
$$_{m+n}\mathrm{C}_n=\frac{(m+n)!}{m!n!}=\frac{P(m,\ n)}{n!}$$
は整数である。

参考　組合せの数 $_{m+n}\mathrm{C}_n$ は整数であるから、$P(m,\ n)$ は $n!$ の倍数であると説明されることがあるが、$\dfrac{(m+n)!}{m!n!}$ が整数であることを示さなくてはならない。これを示すには、次の組合せの公式を利用する。

$$_n\mathrm{C}_r={}_{n-1}\mathrm{C}_{r-1}+{}_{n-1}\mathrm{C}_r$$

参考　上の組合せの公式は、次のように証明できる。
$$_{n-1}\mathrm{C}_{r-1}+{}_{n-1}\mathrm{C}_r=\frac{(n-1)!}{(r-1)!(n-r)!}+\frac{(n-1)!}{r!(n-r-1)!}$$
$$=\frac{r(n-1)!}{r!(n-r)!}+\frac{(n-r)(n-1)!}{r!(n-r)!}=\frac{n!}{r!(n-r)!}$$
$$={}_n\mathrm{C}_r$$

3 ** 除法の原理の証明

除法の原理は，正の整数においては，小学校以来よく知られていることがらであるが，負の整数を含めても成り立つ原理である。ここでは，その証明をしてみよう。

> **●除法の原理**
> 整数 a と正の整数 b に対して，
> $$a = bq + r, \qquad 0 \leq r < b$$
> を満たす整数 q と r がただ 1 通りに定まる。

証明は，q と r の存在の証明と，q と r がただ 1 通りに定まること（一意性）の証明に分けて考える。

● q と r の存在

[証明] b の倍数を …，$-3b$，$-2b$，$-b$，0，b，$2b$，$3b$，… と並べると，数直線は，整数 n を用いて，
$$nb \leq x < (n+1)b$$
のような無数の区間（集合）に分けられる。

a はこれらの区間の中のただ 1 つに属するから，
$$qb \leq a < (q+1)b$$
となるような整数 q が存在する。

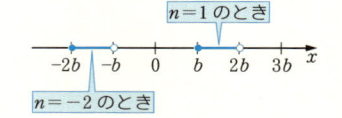

このとき， $0 \leq a - qb < b$

ここで，$r = a - qb$ とおくと，
$$0 \leq r < b, \qquad a = qb + r$$

ゆえに，$a = bq + r$，$0 \leq r < b$ を満たす整数 q と r が存在する。 ■

● q と r がただ 1 通りに定まること

[証明] a を b で割ったときの商と余りが 2 通りあるとすると，
$$a = bq_1 + r_1, \quad 0 \leq r_1 < b \quad \cdots\cdots ①$$
$$a = bq_2 + r_2, \quad 0 \leq r_2 < b \quad \cdots\cdots ②$$
と表される。

ここで，$r_1 \leq r_2$ とすると，①－② より，
$$0 = b(q_1 - q_2) + (r_1 - r_2)$$

よって， $r_2 - r_1 = b(q_1 - q_2) \qquad \cdots\cdots ③$

$q_1 - q_2$ は整数であるから，$r_2 - r_1$ は b の倍数である。

ところが，$0 \leq r_1 \leq r_2 < b$ より，
$$0 \leq r_2 - r_1 < b$$

この範囲に b の倍数は 0 しかないから，

$\qquad r_2-r_1=0 \qquad$ よって，$r_1=r_2$

③より，$\qquad b(q_1-q_2)=0$

$b\neq 0$ より，$q_1-q_2=0 \qquad$ よって，$q_1=q_2$

ゆえに，$a=bq+r$，$0\leqq r<b$ を満たす整数 q と r はただ 1 通りに定まる。　圏

コラム　素因数分解の一意性の証明の歴史

素因数分解の一意性の重要性を初めて認識したのは，ガウスであるといわれています。

ガウスは，著書『Disquisitiones Arithmeticae』の中で素因数分解の一意性を定理として述べ，その証明を与えています。この本は，ガウスの唯一の著書で，1801 年ガウスが 24 歳のときに公刊され，後年の数論の研究に大きな影響を与えました。これ以降，素因数分解の一意性は算術の基本定理（Fundamental Theorem of Arithmetic）ともいわれ，整数論の最も基本的な定理として扱われてきました。

ガウス

ガウスの素因数分解の一意性の証明に使われているのは，『ユークリッド原論』にある定理「自然数 a と b の積 ab が素数 p の倍数ならば，a か b のどちらかが p の倍数である」です。この定理を証明するには，最大公約数・最小公倍数の性質（→ p.50）や除法の原理（→ p.56）を使います。

20 世紀の初めごろ，『ユークリッド原論』にある定理を使わないで，直接，素因数分解の一意性が証明できないかということが問題にされ，ハッセが 1928 年に，リンデマンが 1933 年に，ツェルメロが 1934 年に似たようなアイデアでその証明を発表しました。

ここで見た素因数分解の一意性の証明（→ p.112）は，リンデマンが 1933 年に発表した論文の証明をわかりやすく書きかえたものです。

ちなみに，リンデマン（1852 年－1939 年）はドイツの数学者で，円周率 π が有理数を係数とする代数方程式の解にならない数（超越数）であることを初めて証明した数学者で，『幾何学の基礎』などで有名なヒルベルト（1862 年－1943 年）の先生でした。

リンデマン

4 ★★ 中国の剰余定理・オイラー関数・オイラーの定理

余りに関する問題では，中国の剰余定理も便利である。これを使うと，オイラー関数の性質が証明できる。また，その証明の途中で出てくる式を利用して，オイラーの定理が証明できる。

★★ 中国の剰余定理

たとえば，13 で割ると 4 余り，9 で割ると 2 余る整数 x を求めよう。
13 と 9 は互いに素であるから，整数 x_1, y_1 が存在して，
$$13x_1+9y_1=1 \quad \text{と表される。}$$
ここで，
$$n=9y_1\times 4+13x_1\times 2 \quad \text{とする。}$$
まず，この n が 13 で割ると 4 余り，9 で割ると 2 余る整数となることを確かめてみよう。
13 を法として考えると，
$$n\equiv 9y_1\times 4 \pmod{13}$$
$13x_1+9y_1=1$ より，$9y_1\equiv 1 \pmod{13}$ であるから，
$$9y_1\times 4\equiv 4 \pmod{13} \quad \text{よって，} n\equiv 4 \pmod{13} \quad \cdots\cdots ①$$
また，9 を法として考えると，
$$n\equiv 13x_1\times 2 \pmod{9}$$
$13x_1+9y_1=1$ より，$13x_1\equiv 1 \pmod{9}$ であるから，
$$13x_1\times 2\equiv 2 \pmod{9} \quad \text{よって，} n\equiv 2 \pmod{9} \quad \cdots\cdots ②$$
①，②より，n は 13 で割ると 4 余り，9 で割ると 2 余る。

x_1, y_1 は，3 章で学んだように，ユークリッドの互除法（→p.77）を利用して求めることができるので，その値から n の値の 1 つ（整数 x の特殊解）が求められる。たとえば，$x_1=-2$，$y_1=3$ とすると，$n=56$ となる。

つぎに，整数 x の一般解を求めてみよう。
$x\equiv 4 \pmod{13}$ かつ $56\equiv 4 \pmod{13}$ であるから，
$$x-56\equiv 0 \pmod{13}$$
$x\equiv 2 \pmod{9}$ かつ $56\equiv 2 \pmod{9}$ であるから，
$$x-56\equiv 0 \pmod{9}$$
よって，$x-56$ は 13 と 9 の公倍数であり，最小公倍数は $13\times 9=117$ である。
ゆえに，13 で割ると 4 余り，9 で割ると 2 余る整数 x は，整数 k を用いて，
$$x=56+117k \quad \text{と表される。}$$

この求め方は，一般に適用できる。すなわち，自然数 a と b が互いに素であるとき，a で割ると α 余り，b で割ると β 余る整数 x は，この求め方で得られる。このことを確かめてみよう。

　a で割ると α 余り，b で割ると β 余る整数 x を求めよう。
a と b は互いに素であるから，整数 x_1, y_1 が存在して，
$$ax_1 + by_1 = 1 \quad \text{と表される。}$$
ここで，
$$n = by_1 \times \alpha + ax_1 \times \beta \quad \text{とする。}$$
この n が a で割ると α 余り，b で割ると β 余る整数となることを確かめよう。
a を法として考えると，
$$n \equiv by_1 \alpha \pmod{a}$$
$ax_1 + by_1 = 1$ より，$by_1 \equiv 1 \pmod{a}$ であるから，
$$by_1 \alpha \equiv \alpha \pmod{a} \quad \text{よって，} n \equiv \alpha \pmod{a}$$
また，b を法として考えると，
$$n \equiv ax_1 \beta \pmod{b}$$
$ax_1 + by_1 = 1$ より，$ax_1 \equiv 1 \pmod{b}$ であるから，
$$ax_1 \beta \equiv \beta \pmod{b} \quad \text{よって，} n \equiv \beta \pmod{b}$$
$x \equiv \alpha \pmod{a}$ かつ $n \equiv \alpha \pmod{a}$ であるから，
$$x - n \equiv 0 \pmod{a}$$
$x \equiv \beta \pmod{b}$ かつ $n \equiv \beta \pmod{b}$ であるから，
$$x - n \equiv 0 \pmod{b}$$
よって，$x - n$ は a と b の公倍数であり，a と b は互いに素であるから，最小公倍数は ab である。
ゆえに，a で割ると α 余り，b で割ると β 余る整数 x は，整数 k を用いて，
$$x = n + abk \quad \text{と表される。}$$

───●中国の剰余定理───────────────────────
a, b を互いに素である自然数とする。整数 α, β について，
$x \equiv \alpha \pmod{a}$, $x \equiv \beta \pmod{b}$ を同時に満たす整数 x が存在する。
x は，整数 k を用いて，
$$x = n + abk \quad \text{と表される。}$$
n は，$ax_1 + by_1 = 1$ となる整数 x_1, y_1 を用いて，
$$n = ax_1 \beta + by_1 \alpha \quad \text{と表される。}$$

中国の剰余定理を使うと，83 で割ると 46 余り，53 で割ると 49 余る整数 x は次のように簡単に求めることができる。

ユークリッドの互除法より，
$$83 \times 23 + 53 \times (-36) = 1$$
であるから，
$$n = 83 \times 23 \times 49 + 53 \times (-36) \times 46 = 5773$$
$83 \times 53 = 4399$ であるから，整数 k を用いて，
$$x = 5773 + 4399k \quad \text{と表される。}$$

●★★ オイラー関数の性質

2 章（→p.54）で学んだように，オイラー関数 $\varphi(a)$ とは，自然数 a と互いに素である a 以下の自然数の個数のことである。オイラー関数を計算する式は，オイラー関数の性質から導くことができる。その性質を中国の剰余定理を用いて証明してみよう。ここで証明するのは次の性質である。

> **●オイラー関数の性質**
> (1) p が素数であるとき，$\varphi(p) = p - 1$
> (2) p が素数であり，k を自然数とするとき，$\varphi(p^k) = p^k - p^{k-1}$
> (3) p, q が異なる素数であるとき，$\varphi(pq) = (p-1)(q-1)$
> (4) 自然数 a と b が互いに素であるとき，$\varphi(ab) = \varphi(a)\varphi(b)$

[証明] (1) p が素数であるから，p と互いに素である p 以下の自然数の集合は，$\{1, 2, 3, \cdots, p-1\}$ となり，その要素の個数は $(p-1)$ 個である。
ゆえに，$\varphi(p) = p - 1$

(2) p が素数であるから，p と互いに素である p^k 以下の自然数の集合は，$\{1, 2, 3, \cdots, p^k\}$ から，p の倍数 $\{p, 2p, 3p, \cdots, p^k\}$ を除いたものである。$\{p, 2p, 3p, \cdots, p^{k-1} \times p\}$ の要素の個数は p^{k-1} 個であるから，
$$\varphi(p^k) = p^k - p^{k-1}$$

(3) pq 以下の p の倍数の集合は，$\{p, 2p, 3p, \cdots, pq\}$ となり，その要素の個数は q 個である。
pq 以下の q の倍数の集合は，$\{q, 2q, 3q, \cdots, pq\}$ となり，その要素の個数は p 個である。
p, q が異なる素数であるから，p, q とそれぞれ互いに素である pq 以下の自然数の集合は，$\{1, 2, 3, \cdots, pq\}$ から，p の倍数 $\{p, 2p, 3p, \cdots, pq\}$ と q の倍数 $\{q, 2q, 3q, \cdots, pq\}$ を除いたものであるが，pq が二重に除かれるから，その個数は，
$$\varphi(pq) = pq - p - q + 1 = (p-1)(q-1)$$

(4) a と b を互いに素である自然数とし，$m=\varphi(a)$，$n=\varphi(b)$ とする。

また，a 以下の自然数で，a と互いに素である自然数を α_1, α_2, $\cdots$, α_m とし，b 以下の自然数で，b と互いに素である自然数を β_1, β_2, $\cdots$, β_n として，集合 A を
$$A=\{ax_1\beta_l+by_1\alpha_k | k=1,\ 2,\ \cdots,\ m,\quad l=1,\ 2,\ \cdots,\ n\}$$
と定義する。ここで，$(x_1,\ y_1)$ は $ax_1+by_1=1$ を満たす整数の組の1つである。x_1，y_1 は，ユークリッドの互除法によって求めることができる。

このとき，A の要素の個数は，$mn=\varphi(a)\varphi(b)$ である。

次のことを証明しよう。

(i) $s \in A$ とすると，ある k，l が存在して，$s=ax_1\beta_l+by_1\alpha_k$ となり，中国の剰余定理の証明より，$s \equiv \alpha_k \pmod{a}$

a と α_k は互いに素であるから，a と s は互いに素である。

また，同様に，$s \equiv \beta_l \pmod{b}$

b と β_l は互いに素であるから，b と s は互いに素である。

素因数分解の一意性より，s は ab と互いに素である。

ゆえに，A の要素の個数は $\varphi(ab)$ 以下であるから，$mn \leq \varphi(ab)$

(ii) ab と互いに素である ab 以下の整数を t とすると，t は a と互いに素であり，かつ t は b と互いに素であるから，ある k，l が存在して，
$$t \equiv \alpha_k \pmod{a}, \qquad t \equiv \beta_l \pmod{b}$$
よって，$t \equiv ax_1\beta_l+by_1\alpha_k \pmod{a}$, $\quad t \equiv ax_1\beta_l+by_1\alpha_k \pmod{b}$

a と b は互いに素であるから，
$$t \equiv ax_1\beta_l+by_1\alpha_k \pmod{ab}$$
ゆえに，ab と互いに素である ab 以下の自然数の個数は，A の要素の個数以下であるから，$\varphi(ab) \leq mn$

(i), (ii)より，$\varphi(ab)=mn$

すなわち，$\varphi(ab)=\varphi(a)\varphi(b)$ 圏

参考 (2)が成り立てば，$k=1$ として(1)は成り立つ。(4)が成り立てば，(1)を利用して(3)も成り立つ。

●★★ オイラーの定理

次の定理をオイラーの定理という。オイラーの定理は，フェルマーの小定理を特別な例として含んでいる。

─●オイラーの定理─

a を自然数として，$\varphi(a)$ をオイラー関数とする。
　　自然数 x と a が互いに素であるとき，$x^{\varphi(a)} \equiv 1 \pmod{a}$

[証明] $m=\varphi(a)$ として，a と互いに素である a 以下の自然数の集合を
$$A=\{\alpha_1, \alpha_2, \cdots, \alpha_m\}$$ とおく。

$1\leq k\leq m$ の整数 k に対して $x\alpha_k$ を a で割ると，余りは A の要素のいずれかと一致するから，ある整数 k'（$1\leq k'\leq m$）が存在して，$x\alpha_k\equiv\alpha_{k'}\pmod{a}$

また，k と異なる $1\leq l\leq m$ の整数 l に対して $x\alpha_l$ を a で割ると，同様に，ある整数 l'（$1\leq l'\leq m$）が存在して，$x\alpha_l\equiv\alpha_{l'}\pmod{a}$

ここで，$\alpha_{k'}=\alpha_{l'}$ とすると $x\alpha_k\equiv x\alpha_l\pmod{a}$ となり，a と x が互いに素であるから，$\alpha_k\equiv\alpha_l\pmod{a}$ となる。$\alpha_k\neq\alpha_l$ かつ $0<\alpha_k<a$，$0<\alpha_l<a$ より，これはあり得ない。

よって，$\alpha_k\neq\alpha_l$ とすると，$\alpha_{k'}\neq\alpha_{l'}$ である。

したがって，α_1 に対しては $\alpha_{1'}$ が対応し，α_2 に対しては $\alpha_{2'}$ が対応し，α_m に対しては $\alpha_{m'}$ が対応し，$\alpha_{1'}, \alpha_{2'}, \cdots, \alpha_{m'}$ はすべて互いに異なることになる。

よって，$A=\{\alpha_{1'}, \alpha_{2'}, \cdots, \alpha_{m'}\}$

ゆえに，2通りに表された A の要素をすべて掛けると，
$$\alpha_1\alpha_2\cdots\alpha_m=\alpha_{1'}\alpha_{2'}\cdots\alpha_{m'} \quad\cdots\cdots\cdots①$$

$x\alpha_k\equiv\alpha_{k'}\pmod{a}$ の $k=1, 2, \cdots, m$ の場合の辺々を掛けると，
$$x^m\alpha_1\alpha_2\cdots\alpha_m\equiv\alpha_{1'}\alpha_{2'}\cdots\alpha_{m'}\pmod{a} \quad\cdots\cdots\cdots②$$

①，②より，$x^m\alpha_1\alpha_2\cdots\alpha_m\equiv\alpha_1\alpha_2\cdots\alpha_m\pmod{a}$

$\alpha_1\alpha_2\cdots\alpha_m$ と a は互いに素であるから，
$$x^m\equiv1\pmod{a}$$

すなわち，$x^{\varphi(a)}\equiv1\pmod{a}$ ■

例 6^{970} を 49 で割った余りを，オイラーの定理を使って求めてみよう。
$$\varphi(49)=7^2-7=42$$
$970=42\times23+4$ であるから，
$$6^{970}=(6^{42})^{23}\times6^4$$
6 と 49 は互いに素であるから，オイラーの定理より，
$$6^{42}\equiv1\pmod{49}$$
よって，$6^{970}\equiv1^{23}\times6^4\pmod{49}$

$6^2\equiv-13\pmod{49}$ より，$6^4\equiv(-13)^2\equiv22\pmod{49}$

ゆえに，$6^{970}\equiv22\pmod{49}$

すなわち，6^{970} を 49 で割った余りは 22 である。

参考 とくに，p を素数として，$a=p$ のとき，$\varphi(p)=p-1$ であるから，
$$x^{p-1}\equiv1\pmod{p}$$
が成り立つ。これが**フェルマーの小定理**である。すなわち，フェルマーの小定理は，オイラーの定理の特別な例である。

索引

あ行

余り	56
余りによる整数の分類	70
余りの性質	60
アラビア数字	36
アルゴリズム	36
アル＝フワリズミ	36
1次不定方程式	49, 79
1次不定方程式の一般解	49
1次不定方程式の特殊解	49
因数	16
インド数字	36
ウィルソンの定理	解答編 39
a と b は m を法として合同である	92
エウクレイデス	22
n 進法	33
エラトステネスのふるい	14
オイラー	15, 82
オイラー関数	53
オイラー図	5, 15
オイラーの定理	103, 121

か行

階乗	66
階乗の素因数	66
ガウス	94
ガウス記号	63
かつ	9
カントール	12
偽	2
奇数	4
共通部分	9
偶奇の一致	42
空集合	4
偶数	4
組合せの数	115
位取り記数法	23
元	1
原始ピタゴラス数	72
合成数	14, 43
合同	92
合同式	91
合同式の解	101
合同式を解く	101
公倍数	18
公約数	17
五進法	24

さ行

最小公倍数	18, 48
最小正剰余	67
最小非負剰余	67
最大公約数	17, 48
最大公約数・最小公倍数の性質	50
指数	16
自然数	3, 13, 62
十進位取り記数法	23
十進法	23
11の倍数	41
集合	1
十分条件	52
十六進法	33
商	56
条件	2
証明	38
除数	92
除法の原理	56

除法の原理の証明 …………… 116	
真 ……………………………… 2	
数学的帰納法 ………………… 55	
数直線 ………………………… 8	
正の整数 ……………… 3, 37, 62	
絶対最小剰余 ………………… 67	
絶対値 ………………………… 48	
絶対値最小剰余 ……………… 67	
全体集合 ……………………… 4	
素因数 ………………………… 16	
素因数の存在定理 …………… 111	
素因数分解 …………………… 16	
素因数分解可能の定理 ……… 111	
素因数分解の一意性 …… 45, 112	
素因数分解の基本定理 ……… 45	
素数 ………………………… 14, 43	
素数が無限にあることの証明 …… 113	

た行

対偶 …………………………… 52	
代入 …………………………… 3	
互いに素 ………………… 19, 48	
互いに素であることの証明 …… 52	
互いに素である2つの整数の定理 … 48	
中国の剰余定理 ……………… 118	
ディオファントス方程式 …… 90	
定義 …………………………… 38	
定理 …………………………… 45	
展開記法 ……………………… 23	
同値 …………………………… 92	

な行

二進法 ………………………… 26	

は行

倍数 …………………… 4, 13, 38	
倍数の判定法 ………………… 39	
背理法 …………………… 42, 53	
ピタゴラス数 ………………… 72	
必要十分条件 ………………… 52	
必要条件 ……………………… 52	
フィボナッチ ………………… 36	
フェルマー …………………… 90	
フェルマーの小定理 …… 90, 122	
含まれる ……………………… 5	
含む …………………………… 5	
不定方程式 ……………… 49, 83	
不等号 ………………………… 2	
負の整数 ……………………… 37	
部分集合 ……………………… 5	
部分集合の個数 ……………… 6	
プロクロス …………………… 22	
ペアノ ………………………… 12	
ペアノの公理系 ……………… 55	
平方根 ………………………… 43	
ベン …………………………… 15	
ベン図 …………………… 5, 15	
変数 …………………………… 2	
法 ……………………………… 92	
方程式 ………………………… 45	
補集合 ………………………… 7	

ま行

または ………………………… 9	
無限集合 ……………………… 3	
無理数 ………………………… 47	
命題 …………………………… 38	

や行

約数	13, 37
ユークリッド	22
ユークリッド原論	35
ユークリッドの互除法	77
有限集合	3
有理数	47
要素	1

ら行

累乗	16
連続する整数の積	73, 114
ローマ数字	23, 62

わ行

和集合	9
割り切れない	56
割り切れる	37, 56

記号

$\{\ \}$	1
$\in$（属する）	1
$\leqq$（不等号）	2
$\geqq$（不等号）	2
$<$（不等号）	2
$>$（不等号）	2
ϕ（空集合）	4
$\subset$（含まれる）	5
$\supset$（含む）	5
$\overline{A}$（補集合）	7
$\cap$（共通部分）	9
$\cup$（和集合）	9
G. C. D.	48
G. C. M.	48
L. C. M.	48
$\gcd(a,\ b)$	48, 77
$|a|$（絶対値）	48
$p \Longrightarrow q$	52
$p \Longleftrightarrow q$	52
$[x]$（ガウス記号）	63
$n!$（階乗）	66
$a \equiv b\ (\bmod m)$	92
$_n\mathrm{C}_r$	115

参考文献

本書を執筆するうえで，下記の本や論文を参考にしました。

高木貞治　『初等整数論講義 第2版』　共立出版　1971
遠山啓　『数学入門(上)，(下)』　岩波書店　(上)1959，(下)1960
遠山啓　『初等整数論』　日本評論社　1972
I.M.ヴィノグラードフ　『整数論入門』（三瓶与右衛門・山中健訳）　共立出版　1959
『エウクレイデス全集 第2巻』（斎藤憲訳・解説）　東京大学出版会　2015
C.F.ガウス　『ガウス 整数論』（高瀬正仁訳）　朝倉書店　1995
G.H.ハーディ・E.M.ライト　『数論入門〈1〉』（示野信一・矢神毅訳）
　　シュプリンガー・フェアラーク東京　2001
T.L.ヒース　『ギリシア数学史 I，II』（平田寛・菊池俊彦・大沼正則訳）
　　共立出版　I 1959，II 1960
G.H.Hardy and E.M.Wright, *An Introduction to the Theory of Numbers*,
　　6th edition, Oxford Univ. Press, 2008.
F.A.Lindemann, *The Unique Factorization of a Positive Integer*,
　　Quart. J. Math, 4,（1933）, 319-320.

下記の古い希少な文献は，インターネットで全文が公開されているものを利用しました。興味のある人は，下記の本や論文を直接見ることが可能です。

高木貞治　『廣算術教科書』　東京開成館　1909
*Diophanti Alexandrini Arithmeticorum libri sex, et de numeris multangulis
　　liber unus*. cum commentariis C.G.Bacheti v.c. and obseruationibus
　　D.P.de Fermat Senatoris Tolosani, B.Bosc, Tolosæ, 1670.
L.Euler, *Lettres a une Princesse d'Allemagne sur divers sujets de physique et
　　de philosophie II*, Saint Petersbourg : de l'Imprimerie de l'Academie
　　impériale des sciences, 1768.
C.F.Gauss, *Disquisitiones Arithmeticae*, Gerh. Fleischer, 1801.
J.Venn, *On the diagrammatic and mechanical representation of propositions
　　and reasonings*, The London, Edinburgh and Dublin Philosophical
　　Magazine and Journal of Science, 10(58),（1880）, 1-18.
G.Peano, *Arithmetices principia : nova methodo*, Fratres Bocca, 1889.
G.Cantor, *Beiträge zur Begründung der transfiniten Mengenlehre*,
　　Mathematische Annalen, 46(4),（1895）, 481-512.

Ａクラスブックス　整数

2016年4月　初版発行

著　者　　成川康男　　　　深瀬幹雄
　　　　　町田多加志　　　矢島　弘
発行者　　斎藤　亮
組版所　　錦美堂整版
印刷所　　光陽メディア
製本所　　井上製本所

発行所　　昇龍堂出版株式会社
〒101-0062　東京都千代田区神田駿河台 2-9
TEL 03-3292-8211　FAX 03-3292-8214
振替 00100-9-109283

落丁本・乱丁本は，送料小社負担にてお取り替えいたします
ホームページ　http://www.shoryudo.co.jp/
ISBN978-4-399-01308-7 C6341 ¥900E　　　　Printed in Japan
本書のコピー，スキャン，デジタル化等の無断複製は著作権法上
での例外を除き禁じられています。本書を代行業者等の第三者に
依頼してスキャンやデジタル化することは，たとえ個人や家庭内
での利用でも著作権法違反です。

Aクラスブックス

整数
整数の性質と証明

···解答編···

この解答編は薄くのりづけされています。軽く引けば取りはずすことができます。

- 1章　集合と自然数 ……………………………… 2
- 2章　整数の基本 …………………………………… 9
- 3章　除法の性質 …………………………………… 13
- 4章　不定方程式の整数解 ……………………… 20
- 5章　合同式 ………………………………………… 26
- 6章　巻末問題 ……………………………………… 30

昇龍堂出版

1章 集合と自然数

問1 (1) $S = \{5, 6, 7, 8, 9\}$ (2) $6 \in S$, $8 \in S$, $10 \notin S$, $12 \notin S$
問2 $A = C$, $B = F$
問3 (1) $A = \{3, 4, 5, 6, 7, 8, 9, 10\}$ (2) $B = \{4, 5, 6, 7, 8, 9\}$
(3) $C = \{6, 7, 8, 9, 10, 11\}$ (4) $D = \{5, 6, 7, 8, 9, 10, 11\}$
(5) $E = \{6, 7, 8, 9, 10, 11, 12\}$ (6) $F = \{5, 6, 7, 8, 9, 10, 11, 12\}$

1 (1) $A = \{1, 3, 5, 7, 9, 11\}$ (2) $B = \{5, 10, 15, 20, \cdots\}$
(3) $C = \{30, 33, 36, \cdots, 297\}$ (4) $D = \{19, 23, 27, 31, 35\}$
(5) $E = \{7, 21, 35, 49, 63\}$ (6) $F = \{20, 24, 28, 32, \cdots, 196\}$
(7) $G = \{6, 12, 18\}$

解説 (4) $n = 5, 6, 7, 8, 9$ を代入する。$n = 10$ は含まないことに注意する。
(5) $n = 1, 3, 5, 7, 9$ を代入する。
(6) $n = 10, 12, 14, 16, \cdots, 98$ を代入する。
(7) $n = 3, 6, 9$ を代入する。

問4 B, D, F, G, H
問5 (1) $B \subset A$ (2) $A \subset B$ (3) $B \subset A$ (4) $B \subset A$ (5) $B \subset A$ (6) $B \subset A$

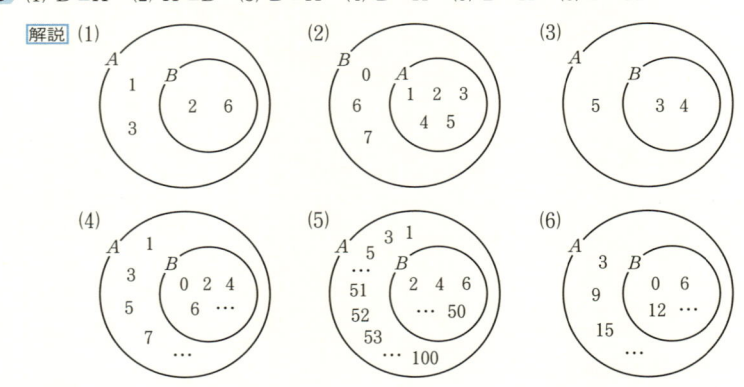

解説 (1) A に $1, 3$、B に $2, 6$
(2) B に $0, 6, 7$、A に $1, 2, 3, 4, 5$
(3) A に 5、B に $3, 4$
(4) A に $1, 3, 5, 7$、B に $0, 2, 4, 6, \cdots$
(5) A に $3, 1, 5, 51, 52, 53, \cdots$、$B$ に $2, 4, 6, \cdots, 50, 100$
(6) A に $3, 9, 15, \cdots$、B に $0, 6, 12, \cdots$

問6 $C \subset A$, $E \subset B$, $A \supset E$

2 (1) $\{1, 3, 5\}$, $\{1, 3\}$, $\{1, 5\}$, $\{3, 5\}$, $\{1\}$, $\{3\}$, $\{5\}$, ϕ
(2) $\{0, 2, 4, 6\}$, $\{0, 2, 4\}$, $\{0, 2, 6\}$, $\{0, 4, 6\}$, $\{2, 4, 6\}$, $\{0, 2\}$, $\{0, 4\}$, $\{0, 6\}$, $\{2, 4\}$, $\{2, 6\}$, $\{4, 6\}$, $\{0\}$, $\{2\}$, $\{4\}$, $\{6\}$, ϕ

解説 (1) 要素が3つの部分集合は $\{1, 3, 5\}$。
要素が2つの部分集合は $\{1, 3\}$, $\{1, 5\}$, $\{3, 5\}$。
要素が1つの部分集合は $\{1\}$, $\{3\}$, $\{5\}$。
要素が1つもない部分集合は ϕ。
(2) 要素が4つの部分集合は $\{0, 2, 4, 6\}$。
要素が3つの部分集合は $\{0, 2, 4\}$, $\{0, 2, 6\}$, $\{0, 4, 6\}$, $\{2, 4, 6\}$。
要素が2つの部分集合は $\{0, 2\}$, $\{0, 4\}$, $\{0, 6\}$, $\{2, 4\}$, $\{2, 6\}$, $\{4, 6\}$。
要素が1つの部分集合は $\{0\}$, $\{2\}$, $\{4\}$, $\{6\}$。

要素が1つもない部分集合は ϕ。

3 32個

解説 要素が5つ，4つ，3つ，2つ，1つの部分集合と，要素が1つもない部分集合がそれぞれ何通りあるかを考えて，$1+5+10+10+5+1$
また，要素1, 2, 3, 4, 5をそれぞれ含むか含まないかを考えて，
$2\times2\times2\times2\times2=2^5$ と求めてもよい。

問7 (1) $\overline{A}=\{1, 3, 5, 7, 8\}$ (2) $\overline{B}=\{1, 2, 3, 5, 6, 7\}$
(3) $\overline{C}=\{1, 2, 3, 4, 6, 7, 8\}$ (4) $\overline{D}=\phi$
(5) $\overline{E}=\{1, 2, 3, 4, 5, 6, 7, 8\}$
参考 (5) $\overline{E}=U$ としてもよい。

問8 (1) $\overline{A}=\{1, 3, 5, 7, 9, 11, 13, 15, 17, 19\}$
(2) $\overline{A}=\{x|x\text{ は奇数}\}$ (3) $\overline{A}=\phi$
解説 (3) $U=A$ である。
参考 (1) $\overline{A}=\{x|x\text{ は奇数}\}$ としてもよい。

4 (1) $\overline{A}=\{x|40\leq x<100\}$ (2) $\overline{B}=\{x|40<x<100\}$ (3) $\overline{C}=\{x|10\leq x\leq 40\}$
(4) $\overline{D}=\{x|10\leq x<40\}$ (5) $\overline{E}=\{x|10\leq x<40, 80\leq x<100\}$

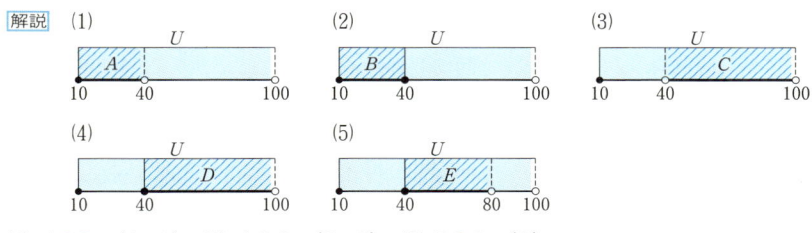

解説 (1)〜(5) 数直線の図

問9 (1) $A\cap B=\{2, 3\}$ (2) $A\cap C=\{0, 3\}$ (3) $B\cap C=\{3\}$
(4) $A\cup B=\{0, 1, 2, 3, 4, 5\}$ (5) $A\cup C=\{0, 1, 2, 3, 6, 9\}$
(6) $B\cup C=\{0, 2, 3, 4, 5, 6, 9\}$

5 (1) $A\cap B=\{1, 3\}$ (2) $A\cup B=\{1, 2, 3, 4, 5, 7\}$ (3) $\overline{A}\cap B=\{5, 7\}$
(4) $\overline{A}\cup B=\{1, 3, 5, 6, 7, 8, 9, 10\}$ (5) $\overline{A}\cap A=\phi$
(6) $B\cup\overline{B}=\{1, 2, 3, 4, 5, 6, 7, 8, 9, 10\}$
参考 (6) $B\cup\overline{B}=U$ としてもよい。

6 (1) $(A\cup B)\cap C=\{3, 5\}$ (2) $A\cup(B\cap C)=\{1, 2, 3, 5\}$
解説 (1) $A\cup B=\{1, 2, 3, 4, 5\}$ (2) $B\cap C=\{5\}$

7 (1) $P=A\cup C$ (2) $Q=A\cap B$ (3) $R=A\cap C$ (4) $S=B\cup C$
(5) $T=B\cap C$
参考 (1) $P=(A\cap B)\cup C$, (4) $S=A\cup B\cup C$,
(5) $T=A\cap B\cap C$ としてもよい。

8 (1) ① $A\cap B=\{x|x\text{ は 6 の倍数}\}$
② $B\cap C=\{x|x\text{ は 21 の倍数}\}$
③ $A\cap B\cap C=\{x|x\text{ は 42 の倍数}\}$
(2) ① $A\cap C$ ② $\overline{A}\cap C$ ③ $\overline{A}\cap B\cap C$
参考 (1) ① $A\cap B=\{x|x=6n, n\text{ は整数}\}$, ② $B\cap C=\{x|x=21n, n\text{ は整数}\}$,
③ $A\cap B\cap C=\{x|x=42n, n\text{ は整数}\}$ としてもよい。

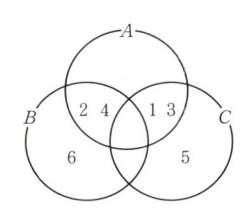

9 (1) $A \cap B = \{x | x$ は 6 の倍数$\}$　(2) $A \cup B = \{x | x$ は 3 の倍数$\}$
　　参考 (1) $A \cap B = \{x | x = 6n, n$ は整数$\}$, (2) $A \cup B = \{x | x = 3n, n$ は整数$\}$ としてもよい。
　　参考 一般に，$B \subset A$ であるとき，$A \cap B = B$, $A \cup B = A$ が成り立つ。

問10 $\{1, 2, 3, 4, 6, 9, 12, 18, 36\}$

問11 (1) $A = \{1, 2, 3, 4, 6, 8, 12, 24\}$　(2) $B = \{1, 2, 3, 6, 9, 18\}$
(3) $A \cap B = \{1, 2, 3, 6\}$

問12 (1) $A = \{24, 48, 72, 96, \cdots\}$　(2) $B = \{18, 36, 54, 72, 90, \cdots\}$
(3) $A \cap B = \{72, 144, 216, 288, \cdots\}$

問13 23, 29, 31, 37, 41, 43, 47

問14 31, 37, 41, 43, 47, 53, 59, 61, 67, 71, 73, 79, 83, 89, 97

10 (1) $56 = 2^3 \times 7$　(2) $80 = 2^4 \times 5$　(3) $125 = 5^3$　(4) $154 = 2 \times 7 \times 11$　(5) $65 = 5 \times 13$
(6) $120 = 2^3 \times 3 \times 5$　(7) $972 = 2^2 \times 3^5$　(8) $2340 = 2^2 \times 3^2 \times 5 \times 13$　(9) $5733 = 3^2 \times 7^2 \times 13$
(10) $4788 = 2^2 \times 3^2 \times 7 \times 19$　(11) $5148 = 2^2 \times 3^2 \times 11 \times 13$　(12) $45720 = 2^3 \times 3^2 \times 5 \times 127$

解説 (1) $2 \underline{)\,56}$
　　　　$2 \underline{)\,28}$
　　　　$2 \underline{)\,14}$
　　　　　　　7

(2) $2 \underline{)\,80}$
　　$2 \underline{)\,40}$
　　$2 \underline{)\,20}$
　　$2 \underline{)\,10}$
　　　　　5

(3) $5 \underline{)\,125}$
　　$5 \underline{)\,25}$
　　　　　5

(4) $2 \underline{)\,154}$
　　$7 \underline{)\,77}$
　　　　　11

(5) $5 \underline{)\,65}$
　　　　13

(6) $2 \underline{)\,120}$
　　$2 \underline{)\,60}$
　　$2 \underline{)\,30}$
　　$3 \underline{)\,15}$
　　　　　5

(7) $2 \underline{)\,972}$
　　$2 \underline{)\,486}$
　　$3 \underline{)\,243}$
　　$3 \underline{)\,81}$
　　$3 \underline{)\,27}$
　　$3 \underline{)\,9}$
　　　　　3

(8) $2 \underline{)\,2340}$
　　$2 \underline{)\,1170}$
　　$3 \underline{)\,585}$
　　$3 \underline{)\,195}$
　　$5 \underline{)\,65}$
　　　　　13

(9) $3 \underline{)\,5733}$
　　$3 \underline{)\,1911}$
　　$7 \underline{)\,637}$
　　$7 \underline{)\,91}$
　　　　　13

(10) $2 \underline{)\,4788}$
　　　$2 \underline{)\,2394}$
　　　$3 \underline{)\,1197}$
　　　$3 \underline{)\,399}$
　　　$7 \underline{)\,133}$
　　　　　　19

(11) $2 \underline{)\,5148}$
　　　$2 \underline{)\,2574}$
　　　$3 \underline{)\,1287}$
　　　$3 \underline{)\,429}$
　　　$11 \underline{)\,143}$
　　　　　　13

(12) $2 \underline{)\,45720}$
　　　$2 \underline{)\,22860}$
　　　$2 \underline{)\,11430}$
　　　$3 \underline{)\,5715}$
　　　$3 \underline{)\,1905}$
　　　$5 \underline{)\,635}$
　　　　　　127

問15 (1) 6　(2) 1　(3) 18
　　解説 (1) $2 \underline{)\,30 \quad 36}$
　　　　　　$3 \underline{)\,15 \quad 18}$
　　　　　　　　$5 \quad 6$

(2) 8, 15 に共通な素因数はない。　(3) $18 \times 3 = 54$

問16 (1) 24 (2) 60 (3) 48 (4) 144

解説 (1) 2) 6 8
　　　　　　 3 4

(2) 4, 15 に共通な素因数はない。

(3) 2) 12 16
　　 2) 6   8
　　　　 3   4

(4) 2) 16 36
　　 2) 8 18
　　　　 4   9

11 (1) 最大公約数 24, 最小公倍数 360 (2) 最大公約数 24, 最小公倍数 1512
(3) 最大公約数 120, 最小公倍数 2880 (4) 最大公約数 168, 最小公倍数 1008

解説 (1) 2) 72 120
　　 2) 36   60
　　 2) 18   30
　　 3) 9   15
　　　　 3   5

(2) 2) 168 216
　　 2) 84 108
　　 2) 42   54
　　 3) 21   27
　　　　 7   9

(3) 2) 360 960
　　 2) 180 480
　　 2) 90 240
　　 3) 45 120
　　 5) 15   40
　　　　 3   8

(4) 2) 336 504
　　 2) 168 252
　　 2) 84 126
　　 3) 42   63
　　 7) 14   21
　　　　 2   3

12 (1) 最大公約数 2, 最小公倍数 336 (2) 最大公約数 3, 最小公倍数 360
(3) 最大公約数 12, 最小公倍数 720 (4) 最大公約数 36, 最小公倍数 216
(5) 最大公約数 21, 最小公倍数 2520

解説 (1) 2) 12 14 16 　　2) 12 14 16
　　　　　　 6   7   8 　　2) 6   7   8
　　　　　　　　　　　　　　　　 3   7   4

(2) 3) 15 18 24 　　3) 15 18 24
　　　　 5   6   8 　　2) 5   6   8
　　　　　　　　　　　　　　 5   3   4

(3) 2) 36 48 60
　　 2) 18 24 30
　　 3) 9 12 15
　　　　 3   4   5

(4) 2) 36 72 216 　　2) 36 72 216
　　 2) 18 36 108 　　2) 18 36 108
　　 3) 9 18   54 　　3) 9 18   54
　　 3) 3   6   18 　　3) 3   6   18
　　　　 1   2   6 　　2) 1   2   6
　　　　　　　　　　　　　　　 1   1   3

(5) 3) 168 252 315 　　3) 168 252 315
　　 7) 56   84 105 　　7) 56   84 105
　　　　 8   12   15 　　2)   8   12   15
　　　　　　　　　　　　　　 2)   4   6   15
　　　　　　　　　　　　　　 3)   2   3   15
　　　　　　　　　　　　　　　　 2   1   5

13 12 人

解説 84 と 60 の最大公約数

14 15 cm

解説 60 と 75 の最大公約数

15 180 cm

解説 36 と 45 の最小公倍数

16 280 秒後
　　[解説] 35 と 56 の最小公倍数
17 44100 個
　　[解説] 立方体の 1 辺の長さは，30 と 36 と 42 の最小公倍数 $5×6^2×7=1260$（cm）になる。必要なブロックの個数は，$\dfrac{1260}{30}×\dfrac{1260}{36}×\dfrac{1260}{42}$

問17 (1) $4×10^3+6×10^2+8×10+3$　(2) $5×10^4+6×10^2+7$
　　(3) $9×\dfrac{1}{10}+7×\dfrac{1}{10^2}+2×\dfrac{1}{10^3}$　(4) $2×10^2+3+8×\dfrac{1}{10^2}$

問18 (1) 5349　(2) 302004　(3) 0.793　(4) 9070.0801

問19 (1) 5　(2) 17　(3) 9　(4) 25　(5) 31　(6) 57　(7) 195　(8) 238　(9) 624
　　[解説] (1) $1×5+0$　(2) $3×5+2$　(3) $1×5+4$　(4) $1×5^2+0×5+0$
　　(5) $1×5^2+1×5+1$　(6) $2×5^2+1×5+2$　(7) $1×5^3+2×5^2+4×5+0$
　　(8) $1×5^3+4×5^2+2×5+3$　(9) $4×5^3+4×5^2+4×5+4$

18 (1) $33_{(5)}$　(2) $243_{(5)}$　(3) $310_{(5)}$　(4) $1100_{(5)}$　(5) $1421_{(5)}$　(6) $12422_{(5)}$　(7) $30424_{(5)}$
　　(8) $31000_{(5)}$　(9) $142444_{(5)}$

　　[解説]
　　(1) 5)18　余り　　(2) 5)73　余り　　(3) 5)80　余り
　　　　5) 3 … 3　　　　5)14 … 3　　　　5)16 … 0
　　　　　 0 … 3　　　　5) 2 … 4　　　　5) 3 … 1
　　　　　　　　　　　　　　0 … 2　　　　　 0 … 3

　　(4) 5)150　余り　　(5) 5)236　余り　　(6) 5)987　余り
　　　　5) 30 … 0　　　　5) 47 … 1　　　　5)197 … 2
　　　　5) 6 … 0　　　　5) 9 … 2　　　　5) 39 … 2
　　　　5) 1 … 1　　　　5) 1 … 4　　　　5) 7 … 4
　　　　　 0 … 1　　　　　 0 … 1　　　　5) 1 … 2
　　　　　　　　　　　　　　　　　　　　　　 0 … 1

　　(7) 5)1989　余り　　(8) 5)2000　余り　　(9) 5)5999　余り
　　　　5) 397 … 4　　　　5) 400 … 0　　　　5)1199 … 4
　　　　5) 79 … 2　　　　5) 80 … 0　　　　5) 239 … 4
　　　　5) 15 … 4　　　　5) 16 … 0　　　　5) 47 … 4
　　　　5)   3 … 0　　　　5)   3 … 1　　　　5)   9 … 2
　　　　　 0 … 3　　　　　 0 … 3　　　　5)   1 … 4
　　　　　　　　　　　　　　　　　　　　　　 0 … 1

問20 (1) 3　(2) 5　(3) 15　(4) 12　(5) 19　(6) 25　(7) 31　(8) 73　(9) 455
　　[解説] (1) $1×2+1$　(2) $1×2^2+1$　(3) $1×2^3+1×2^2+1×2+1$　(4) $1×2^3+1×2^2$
　　(5) $1×2^4+1×2+1$　(6) $1×2^4+1×2^3+1$　(7) $1×2^4+1×2^3+1×2^2+1×2+1$
　　(8) $1×2^6+1×2^3+1$　(9) $1×2^8+1×2^7+1×2^6+1×2^2+1×2+1$

19 (1) $111_{(2)}$　(2) $1101_{(2)}$　(3) $10010_{(2)}$　(4) $100111_{(2)}$　(5) $10111111_{(2)}$
　　(6) $11110011_{(2)}$　(7) $1001000101_{(2)}$　(8) $11111100010_{(2)}$

問21 (1) 0.5　(2) 0.75　(3) 0.625　(4) 0.8　(5) 0.68　(6) 0.688
　　[解説] (1) $1×\dfrac{1}{2}$　(2) $1×\dfrac{1}{2}+1×\dfrac{1}{2^2}$　(3) $1×\dfrac{1}{2}+0×\dfrac{1}{2^2}+1×\dfrac{1}{2^3}$　(4) $4×\dfrac{1}{5}$
　　(5) $3×\dfrac{1}{5}+2×\dfrac{1}{5^2}$　(6) $3×\dfrac{1}{5}+2×\dfrac{1}{5^2}+1×\dfrac{1}{5^3}$

問20 (1) $0.4_{(5)}$ (2) $0.11_{(5)}$ (3) $0.112_{(5)}$ (4) $12.22_{(5)}$ (5) $22.14_{(5)}$ (6) $2241.12_{(5)}$

解説 (1)
```
      0.8
   ×)  5
      4.0
```

(2)
```
      0.24
   ×)   5
      1.20
   ×)   5
      1.0
```

(3)
```
      0.256
   ×)    5
      1.280
   ×)    5
      1.40
   ×)   5
      2.0
```

(4)
```
   5) 7    余り
   5) 1 … 2
      0 … 1

      0.48
   ×)   5
      2.40
   ×)   5
      2.0
```

(5)
```
   5) 12   余り
   5)  2 … 2
       0 … 2

      0.36
   ×)   5
      1.80
   ×)   5
      4.0
```

(6)
```
   5) 321  余り
   5)  64 … 1
   5)  12 … 4
       2 … 2
       0 … 2

      0.28
   ×)   5
      1.40
   ×)   5
      2.0
```

問21 (1) $0.11_{(2)}$ (2) $0.001_{(2)}$ (3) $0.0011_{(2)}$ (4) $110.1_{(2)}$ (5) $10.01_{(2)}$ (6) $11011.0101_{(2)}$

解説 (1)
```
      0.75
   ×)   2
      1.50
   ×)   2
      1.0
```

(2)
```
      0.125
   ×)    2
      0.250
   ×)    2
      0.50
   ×)   2
      1.0
```

(3)
```
      0.1875
   ×)     2
      0.3750
   ×)     2
      0.750
   ×)    2
      1.50
   ×)   2
      1.0
```

(4)
```
   2) 6    余り
   2) 3 … 0
   2) 1 … 1
      0 … 1

      0.5
   ×)  2
      1.0
```

(5)
```
   2) 2    余り
   2) 1 … 0
      0 … 1

      0.25
   ×)   2
      0.50
   ×)  2
      1.0
```

(6)
```
   2) 27   余り
   2) 13 … 1
   2)  6 … 1
   2)  3 … 0
   2)  1 … 1
       0 … 1

      0.3125
   ×)     2
      0.6250
   ×)     2
      1.250
   ×)    2
      0.50
   ×)   2
      1.0
```

問22 (1) $101_{(2)}$ (2) $1100_{(2)}$ (3) $11000_{(2)}$ (4) $113_{(5)}$ (5) $1101_{(5)}$

22 (1) $10101_{(2)}$ (2) $11001_{(2)}$ (3) $10001111_{(2)}$ (4) $422_{(5)}$ (5) $2242_{(5)}$ (6) $11321_{(5)}$

解説 (1)
```
    111  (2)
×)   11  (2)
    111
   111
  10101  (2)
```
(2)
```
    101  (2)
×)  101  (2)
    101
   000
  101
 11001   (2)
```
(3)
```
    1101  (2)
×)  1011  (2)
    1101
   1101
  0000
 1101
10001111  (2)
```

(4)
```
     31 (5)
×)   12 (5)
    112
    31
    422 (5)
```
(5)
```
     43 (5)
×)   24 (5)
    332
    141
    2242 (5)
```
(6)
```
    123 (5)
×)   42 (5)
    301
   1102
  11321 (5)
```

問23 (1) 14 (2) 22 (3) 194 (4) 152 (5) 181 (6) 58 (7) 63 (8) 42217 (9) 0.6875
(10) 2.625

23 (1) $1230_{(7)}$ (2) $885_{(9)}$ (3) $0.76_{(8)}$ (4) $0.01_{(4)}$ (5) $7D0_{(16)}$ (6) $78C0_{(16)}$
(7) $11000.02_{(4)}$ (8) $14E5.B_{(16)}$

解説 (1)
```
7) 462   余り
7)  66 … 0
7)   9 … 3
7)   1 … 2
     0 … 1
```
(2)
```
9) 725   余り
9)  80 … 5
9)   8 … 8
     0 … 8
```
(3)
```
     0.96875
×)         8
     7.75000
×)         8
     6.00
```

(4)
```
    0.0625
×)       4
    0.2500
×)       4
    1.00
```
(5)
```
16) 2000   余り
16)  125 … 0
16)    7 … 13
       0 … 7
```
(6)
```
16) 30912   余り
16)  1932 … 0
16)   120 … 12
16)     7 … 8
        0 … 7
```

(7)
```
4) 320   余り
4)  80 … 0
4)  20 … 0
4)   5 … 0
     1 … 1
     0 … 1

    0.125
×)      4
    0.500
×)      4
    2.0
```
(8)
```
16) 5349   余り
16)  334 … 5
16)   20 … 14
16)    1 … 4
       0 … 1

    0.6875
×)      16
   11.0000
```

2章 整数の基本

問1 ± 1, ± 2, ± 4, ± 8, ± 16

問2 0, ± 7, ± 14, ± 21, ± 28, ± 35, ± 42, ± 49

1 k, l を整数とする。
(1) $a=2k$, $a+b=2l$ と表されるから,$b=2l-a=2l-2k=2(l-k)$
$l-k$ は整数であるから,b は偶数である。
(2) $a=5k$, $b=5l$ と表されるから,$a+b=5k+5l=5(k+l)$
$k+l$ は整数であるから,$a+b$ は 5 の倍数である。
(3) $a=3k$, $b=3l$ と表されるから,
$a^2-ab+b^2=(3k)^2-3k\times 3l+(3l)^2=9k^2-9kl+9l^2=9(k^2-kl+l^2)$
k^2-kl+l^2 は整数であるから,a^2-ab+b^2 は 9 の倍数である。

問3 (1) d が 5 の倍数であるとき,ある整数 k を用いて,$d=5k$ と表される。
$N=1000a+100b+10c+d=1000a+100b+10c+5k=5(200a+20b+2c+k)$
$200a+20b+2c+k$ は整数であるから,N は 5 の倍数である。
(2) $10c+d$ が 4 の倍数であるとき,ある整数 k を用いて,$10c+d=4k$ と表される。
$N=1000a+100b+10c+d=1000a+100b+4k=4(250a+25b+k)$
$250a+25b+k$ は整数であるから,N は 4 の倍数である。
(3) $100b+10c+d$ が 8 の倍数であるとき,ある整数 k を用いて,$100b+10c+d=8k$ と表される。
$N=1000a+100b+10c+d=1000a+8k=8(125a+k)$
$125a+k$ は整数であるから,N は 8 の倍数である。

2 $a+b+c+d$ が 9 の倍数であるとき,ある整数 k を用いて,$a+b+c+d=9k$ と表される。
$d=9k-(a+b+c)$
よって,$N=1000a+100b+10c+d=1000a+100b+10c+9k-(a+b+c)$
$=999a+99b+9c+9k=9(111a+11b+c+k)$
$111a+11b+c+k$ は整数であるから,N は 9 の倍数である。

3 (1) 5 の倍数 (2) 3 の倍数 (3) 3 と 9 の倍数 (4) 3, 4, 6 の倍数 (5) 4 の倍数
(6) 3, 4, 5, 6, 8, 9 の倍数 (7) 4 と 8 の倍数 (8) 3, 4, 6, 8 の倍数
解説 (2) $3+2+1+9=15$ (3) $2+2+4+1=9$ (4) $9+2+2+8=21$
(6) $4+3+2+0=9$ (8) $1+2+3+4+5+6=21$

4 (1), (3), (6)
解説 (1) $2-3+5-4=0$ (2) $7-5+4-5=1$ (3) $3-9+1-6=-11$
(4) $2-2+4-1=3$ (5) $9-3+4-8=2$ (6) $9-2+8-4=11$

5 $(a, b)=(1, 4)$, $(2, 5)$, $(3, 6)$, $(4, 7)$, $(5, 8)$, $(6, 9)$, $(9, 1)$
解説 $9-6+a-b=a-b+3$ が 11 の倍数になればよい。
$1\leqq a\leqq 9$, $1\leqq b\leqq 9$ より $-9\leqq -b\leqq -1$ よって,$-8\leqq a-b\leqq 8$
$-5\leqq a-b+3\leqq 11$
$a-b+3$ が 11 の倍数になるのは,$a-b+3=0$ または $a-b+3=11$ のときである。

6 $x+3y$ と $3x-y$ の偶奇が一致しないと仮定する。
このとき,$x+3y$ が偶数,$3x-y$ が奇数であるとすると,整数 m, n を用いて,
$x+3y=2m$ ……①,$3x-y=2n+1$ ……② と表される。
①+② より,$4x+2y=2m+2n+1$ $2(2x+y)=2(m+n)+1$
$2x+y$ は整数であるから,$2(2x+y)$ は偶数である。また,$m+n$ は整数であるから,$2(m+n)+1$ は奇数である。
よって,左辺は偶数,右辺は奇数となるが,このようなことは起こり得ない。
$x+3y$ が奇数,$3x-y$ が偶数であるとしても同様である。
以上より,$x+3y$ と $3x-y$ の偶奇が一致しないと仮定すると,不合理なことが起こるから,$x+3y$ と $3x-y$ の偶奇は一致する。
参考 $A=2x+y$, $B=-x+2y$ とすると,$A+B=x+3y$, $A-B=3x-y$ であるから,$x+3y$ と $3x-y$ の偶奇は一致する。

7 (1) 素数 (2) 合成数 (3) 合成数 (4) 素数 (5) 素数 (6) 素数
解説 (1) 11 以下の素数を調べる。 (2) 19×53 (3) 29×31
(4) 31 以下の素数を調べる。 (5) 42 以下の素数を調べる。
(6) 44 以下の素数を調べる。

8 $n=42$
解説 $1512=2^3\times3^3\times7$ より,$n=2\times3\times7$

9 $a=34$, $b=102$
解説 $31212=2^2\times3^3\times17^2$ より,$a=2\times17$

問4 $(x, y)=(1, 21), (3, 7)$

問5 $(x, y)=(-1, 8), (-2, 4), (-4, 2), (-8, 1)$

10 (1) $(x, y)=(4, 7), (8, 3)$ (2) $(x, y)=(3, 6)$
解説 (1) $(x-3)(y-2)=5$ (2) $xy-5x+3y-21=(y-5)x+3(y-5)-6$
よって,$(x+3)(y-5)=6$

$x-3$	1	5	-1	-5
$y-2$	5	1	-5	-1
x	4	8	2	-2
y	7	3	-3	1

$x+3$	1	2	3	6	-1	-2	-3	-6
$y-5$	6	3	2	1	-6	-3	-2	-1
x	-2	-1	0	3	-4	-5	-6	-9
y	11	8	7	6	-1	2	3	4

11 $\sqrt{7}$ が無理数でないと仮定すると,有理数であるから,正の整数 m, n を用いて,
$\sqrt{7}=\dfrac{m}{n}$ $(n\neq0)$ と表される。
m, n を素因数分解して,$m=p_1\cdots p_k$, $n=q_1\cdots q_l$ とすると,
$\sqrt{7}=\dfrac{p_1\cdots p_k}{q_1\cdots q_l}$ $(p_1, \cdots, p_k, q_1, \cdots, q_l$ は素数$)$
両辺を 2 乗して,$7=\dfrac{p_1{}^2\cdots p_k{}^2}{q_1{}^2\cdots q_l{}^2}$ 分母を払うと,$7\times q_1{}^2\cdots q_l{}^2=p_1{}^2\cdots p_k{}^2$
ここで,素因数 7 の個数は左辺は奇数個,右辺は偶数個であり,このことは素因数分解の一意性に反する。
ゆえに,$\sqrt{7}$ は無理数である。
参考 素因数の個数自体が左辺は $2l+1$ で奇数個,右辺は $2k$ で偶数個となり矛盾する。

12 m は 4 個,最大の m は 133

解説 $\dfrac{1}{3} < \dfrac{m}{360} < \dfrac{3}{8}$ より,$120 < m < 135$ m と 360 は互いに素である。
$360 = 2^3 \times 3^2 \times 5$ であるから,$120 < m < 135$ の整数 m のうち,2, 3, 5 のいずれも約数にもたないものは,$m = 121,\ 127,\ 131,\ 133$

13 $n = 111$

解説 $n + 4 = 5k$, $n + 5 = 4l$ (k, l は整数)と表される。
$5k - 4 = 4l - 5$ より,$5k + 5 = 4l + 4$ $5(k+1) = 4(l+1)$
5 と 4 は互いに素であるから,$k + 1$ は 4 の倍数である。
よって,$k + 1 = 4m$ (m は整数)と表される。
$k = 4m - 1$ より,$n = 5(4m - 1) - 4 = -9 + 20m$
n は 3 桁の自然数であるから,$100 \leq n \leq 999$ よって,$100 \leq -9 + 20m \leq 999$
$\dfrac{109}{20} \leq m \leq \dfrac{252}{5}$ この式を満たす最小の整数 m は,$m = 6$

14 $a = 3n$, $b = 14 - 2n$ (n は整数)

解説 $2a + 3b = 42$ より,$2a = 3(14 - b)$
2 と 3 は互いに素であるから,$a = 3n$ (n は整数)と表すと,$2 \times 3n = 3(14 - b)$
よって,$2n = 14 - b$

15 $x = 1 + 4n$, $y = 2 + 9n$ (n は整数)

解説 $9x - 4y = 1$ ……① $9 \times 1 - 4 \times 2 = 1$ ……②
①−② より,$9(x - 1) - 4(y - 2) = 0$ $9(x - 1) = 4(y - 2)$
9 と 4 は互いに素であるから,$x - 1 = 4n$ (n は整数)と表すと,$9 \times 4n = 4(y - 2)$
よって,$9n = y - 2$

16 $(a,\ b) = (35,\ 280),\ (70,\ 245),\ (140,\ 175)$

解説 最大公約数が 35 であるから,互いに素である 2 つの自然数 a', b' を用いて,
$a = 35a'$, $b = 35b'$ と表される。
$a + b = 315$ $35(a' + b') = 315$ より,$a' + b' = 9$
$a' < b'$ であり,a', b' は互いに素であるから,$(a',\ b') = (1,\ 8),\ (2,\ 7),\ (4,\ 5)$

17 $(42,\ 78)$

解説 求める 2 つの自然数の最大公約数を g とすると,求める 2 つの自然数は,互いに素である自然数 a, b ($a < b$) を用いて,ga, gb と表される。 $546g = 3276$
よって,$g = 6$ これを $gab = 546$ に代入すると,$6ab = 546$
よって,$ab = 91 = 1 \times 91 = 7 \times 13$
求める 2 つの自然数は 2 桁であるから,$a = 7$, $b = 13$

18 6 個

解説 630, 990 を素因数分解すると,$630 = 2 \times 3^2 \times 5 \times 7$, $990 = 2 \times 3^2 \times 5 \times 11$
よって,630 と 990 の最大公約数は,$2 \times 3^2 \times 5 = 90$
$18 = 2 \times 3^2$ であるから,18 と a の最小公倍数が 90 となる a の値は,
$a = 5,\ 2 \times 5,\ 3 \times 5,\ 2 \times 3 \times 5,\ 3^2 \times 5,\ 2 \times 3^2 \times 5$

19 $(a,\ b,\ c) = (12,\ 36,\ 60),\ (12,\ 36,\ 180),\ (12,\ 60,\ 180),\ (36,\ 60,\ 180)$

解説 $a = 12a'$, $b = 12b'$, $c = 12c'$ とすると,a', b', c' の最大公約数は 1。
$180 = 12 \times 15$ より,a', b', c' の最小公倍数は,$15 = 3 \times 5$
ゆえに,$(a',\ b',\ c')$ の組は,$a' < b' < c'$ であるから,
$(a',\ b',\ c') = (1,\ 3,\ 5),\ (1,\ 3,\ 15),\ (1,\ 5,\ 15),\ (3,\ 5,\ 15)$

20 a と b が互いに素でないとすると，1 でない公約数 g（$g≧2$）が存在し，自然数 c，d を用いて，$a=gc$ ……①，$b=gd$ ……② と表される。
①，②より，$a+b=gc+gd=g(c+d)$ ……③，$ab=g^2cd$ ……④
③，④より，$a+b$ と ab は 1 でない公約数 g をもつから，互いに素ではない。
対偶が示されたから，$a+b$ と ab が互いに素であるとき，a と b は互いに素である。
逆に，$a+b$ と ab が互いに素でないとすると，1 でない公約数 p（$p≧2$）が存在し，自然数 e，f を用いて，$a+b=pe$ ……⑤，$ab=pf$ ……⑥ と表される。
⑤より $b=pe-a$ を⑥に代入して，$a(pe-a)=pf$　変形して，$a^2=p(ae-f)$
同様に，$a=pe-b$ を⑥に代入して変形すると，$b^2=p(be-f)$
よって，a^2 と b^2 は 1 でない公約数 p をもつから，互いに素ではない。
ゆえに，a と b は互いに素ではない。
対偶が示されたから，a と b が互いに素であるとき，$a+b$ と ab は互いに素である。
ゆえに，a と b が互いに素であるための必要十分条件は $a+b$ と ab が互いに素であることである。

21 (1) ① $\varphi(17)=16$　② $\varphi(32)=16$　③ $\varphi(360)=96$
(2) $(p, q)=(3, 13), (5, 7)$
解説 (1) ① 17 を除けばよいから，$\varphi(17)=17-1$
② $32=2^5$ より，$\varphi(32)=2^5-2^4$
③ $360=2^3×3^2×5$ より，$\varphi(360)=360×\left(1-\dfrac{1}{2}\right)\left(1-\dfrac{1}{3}\right)\left(1-\dfrac{1}{5}\right)$
(2) $\varphi(pq)=(p-1)(q-1)$ より，$(p-1)(q-1)=24$
$1≦p-1<q-1$ であるから，$(p-1, q-1)=(1, 24), (2, 12), (3, 8), (4, 6)$
このうち，p，q が素数となるものは，$(p-1, q-1)=(2, 12), (4, 6)$

22 48個
解説 分子が 210 以下で，210 と互いに素であればよいから，オイラー関数 $\varphi(210)$ を求める。
$210=2×3×5×7$ であるから，$\varphi(210)=210×\left(1-\dfrac{1}{2}\right)\left(1-\dfrac{1}{3}\right)\left(1-\dfrac{1}{5}\right)\left(1-\dfrac{1}{7}\right)$

3章 除法の性質

問1 (1) 商 15, 余り 2 (2) 商 -16, 余り 1 (3) 商 93, 余り 3 (4) 商 -94, 余り 2
(5) 商 0, 余り 14 (6) 商 -1, 余り 9
解説 (5) $14=23\times0+14$　(6) $-14=23\times(-1)+9$

問2 5個
解説 200 より大きい自然数を n, n を 17 で割ったときの商を q とすると，余りも q であるから，$n=17q+q=18q$
n は 200 より大きい自然数であるから，$18\times11=198$, $18\times12=216$ より，$q\geq12$
余りは 17 より小さいから，$0\leq q<17$　よって，$12\leq q<17$
これを満たす自然数 q は，$q=12$, 13, 14, 15, 16

1 $m=7$, 14
解説 $n=mk+2$, $n-11=ml+5$ （k, l は整数）と表される。
$mk+2=ml+16$ より，$m(k-l)=14$　また，$m>5$

2 2
解説 $n+2=3k$（k は整数）とおくと，$n=3k-2$
よって，$7n+4=7(3k-2)+4=3(7k-4)+2$

3 2
解説 $a=13b+10$　$b=11c+7$（c は整数）
ゆえに，$a=13(11c+7)+10=11(13c+9)+2$

4 1994
解説 求める正の整数を n とすると，3 で割ると 2 余るから，$n=3k+2$（k は整数），
5 で割ると 4 余るから，$n=5l+4$（l は整数），
7 で割ると 6 余るから，$n=7m+6$（m は整数）と表される。
よって，$n+1=3(k+1)=5(l+1)=7(m+1)$
したがって，$n+1$ は 3, 5, 7 の公倍数である。
3, 5, 7 の最小公倍数は 105 であり，$105\times19=1995$, $105\times20=2100$ であるから，
2000 に最も近い整数は，$1995-1=1994$

5 878
解説 5 で割ると 3 余り，11 で割ると 9 余る正の整数 n に 2 を加えると，5 でも 11 でも割り切れるから，$n+2=55k$（k は整数）と表される。
$n=55k-2=55(k-1)+53$
また，n は 3 で割ると 2 余るから，$n=3l+2$（l は整数）と表される。
よって，$3l+2=55(k-1)+53$　$3l-51=55(k-1)$　$3(l-17)=55(k-1)$
3 と 55 は互いに素であるから，$k-1$ は 3 の倍数である。
よって，$k-1=3m$（m は整数）と表される。
$k=3m+1$ より，$n=55\{(3m+1)-1\}+53=165m+53$
1000 を超えない最大のものは $m=5$ のときで，$n=165\times5+53=878$ である。

問3 (1) a, b を 13 で割った余りはそれぞれ 3, 10 (2) 0 (3) 6 (4) 4
解説 (1) $a=13\times360+3$　$b=13\times414+10$
(3) $-7=(-1)\times13+6$

6 15
解説 $972=17\times57+3$

問4 (1) 9 (2) -10 (3) 31 (4) 30 (5) -32 (6) -30 (7) 8 (8) -9 (9) 19 (10) -20 (11) 156 (12) -156

7 (1) $20 \leq x < \dfrac{45}{2}$ (2) グラフは右の図

(3) $x=7$

解説 (1) $8 \leq \dfrac{2x}{5} < 9$

(3) (2)のグラフと $y=9-x$ のグラフの交点の x 座標を求める。

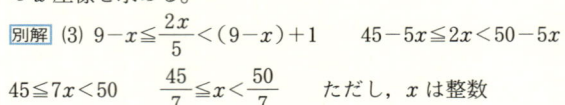

別解 (3) $9-x \leq \dfrac{2x}{5} < (9-x)+1$ $45-5x \leq 2x < 50-5x$

$45 \leq 7x < 50$ $\dfrac{45}{7} \leq x < \dfrac{50}{7}$ ただし，x は整数

8 $m=48$

解説 1から100までの自然数の中で，3の倍数の個数は $\left[\dfrac{100}{3}\right]=33$，$3^2$の倍数の個数は $\left[\dfrac{100}{3^2}\right]=11$，$3^3$の倍数の個数は $\left[\dfrac{100}{3^3}\right]=3$，$3^4$の倍数の個数は $\left[\dfrac{100}{3^4}\right]=1$

ゆえに，$m=33+11+3+1=48$

9 49

解説 200!を計算した結果の末尾に並ぶ0の個数をn，Aを10の倍数でない自然数とすると，$200!=A\times10^n=A\times2^n\times5^n$ であるから，200!を素因数分解したときの素因数5の個数が求めるものである。

1から200までの自然数の中で，5の倍数の個数は $\left[\dfrac{200}{5}\right]=40$，$5^2$の倍数の個数は $\left[\dfrac{200}{5^2}\right]=8$，$5^3$の倍数の個数は $\left[\dfrac{200}{5^3}\right]=1$

ゆえに，$n=40+8+1=49$

注意 200!の素因数2の個数はnより大きい。

問5 (1) -1 (2) 3 (3) 4, -4 (4) 2 (5) -2 (6) 6, -6

10 1

解説 $29=31\times1+(-2)$ であるから，29を31で割ったときの絶対値最小剰余は -2 である。

$(-2)^6=64=31\times2+2$ であるから，$(-2)^6$を31で割ったときの余りは2である。

$29^{30}=(29^6)^5$ であるから，29^{30}を31で割ったときの余りは $2^5=32$ を31で割ったときの余りと一致する。

問6 (1) 2つの奇数をa, bとすると，整数 k_1, k_2 を用いて，$a=2k_1+1$, $b=2k_2+1$ と表される。

よって，$a+b=(2k_1+1)+(2k_2+1)=2(k_1+k_2+1)$

k_1+k_2+1 は整数であるから，$a+b$ は偶数である。

(2) 奇数をa, 偶数をbとすると，整数 k_1, k_2 を用いて，$a=2k_1+1$, $b=2k_2$ と表される。

よって，$a+b=(2k_1+1)+2k_2=2(k_1+k_2)+1$

k_1+k_2 は整数であるから，$a+b$ は奇数である。

(3) 奇数をaとすると，整数kを用いて，$a=2k+1$ と表される。

よって，$a^2-1=(2k+1)^2-1=4k^2+4k+1-1=4(k^2+k)$
k^2+k は整数であるから，a^2-1 は4の倍数である。

11 $n^4+n^2+1=n^4+2n^2+1-n^2=(n^2+1)^2-n^2=(n^2+n+1)(n^2-n+1)$　　n が3の倍数でないとき，整数 m を用いて，$n=3m+1$, $3m+2$ のいずれかで表される。
(i) $n=3m+1$ のとき，$n^2=(3m+1)^2=9m^2+6m+1$ であるから，
$n^2+n+1=(9m^2+6m+1)+(3m+1)+1=3(3m^2+3m+1)$
$3m^2+3m+1$ は整数であるから，n^2+n+1 は3の倍数である。
n^2-n+1 は整数であるから，n^4+n^2+1 は3の倍数である。
(ii) $n=3m+2$ のとき，$n^2=(3m+2)^2=9m^2+12m+4$ であるから，
$n^2-n+1=(9m^2+12m+4)-(3m+2)+1=3(3m^2+3m+1)$
$3m^2+3m+1$ は整数であるから，n^2-n+1 は3の倍数である。
n^2+n+1 は整数であるから，n^4+n^2+1 は3の倍数である。
以上より，n が3の倍数でないとき，n^4+n^2+1 は3の倍数となる。

12 整数 a は，整数 k を用いて，$a=5k$, $5k\pm1$, $5k\pm2$ のいずれかで表される。
(i) $a=5k$ のとき，$a^2=(5k)^2=5(5k^2)$
$5k^2$ は整数であるから，a^2 は5の倍数である。
(ii) $a=5k\pm1$ のとき，$a^2=(5k\pm1)^2=25k^2\pm10k+1=5(5k^2\pm2k)+1$（複号同順）
$5k^2\pm2k$ は整数であるから，a^2 は5で割ると1余る。
(iii) $a=5k\pm2$ のとき，$a^2=(5k\pm2)^2=25k^2\pm20k+4=5(5k^2\pm4k)+4$（複号同順）
$5k^2\pm4k$ は整数であるから，a^2 は5で割ると4余る。
以上より，a^2 を5で割ると3余ることはない。すなわち，$a^2=5n+3$ となる整数 n は存在しない。

13 (1) 整数 a は，整数 k を用いて，$a=2k$, $2k+1$ のいずれかで表される。
(i) $a=2k$ のとき，$a^2=(2k)^2=4k^2$
k^2 は整数であるから，a^2 を4で割ったときの余りは0である。
(ii) $a=2k+1$ のとき，$a^2=(2k+1)^2=4(k^2+k)+1$
k^2+k は整数であるから，a^2 を4で割ったときの余りは1である。
以上より，a^2 を4で割ったときの余りは0または1である。
(2) x, y がともに奇数であると仮定すると，(1)より，x^2, y^2 を4で割ったときの余りはともに1である。
よって，整数 l, m を用いて $x^2=4l+1$, $y^2=4m+1$ と表されるから，
$x^2+y^2=(4l+1)+(4m+1)=4(l+m)+2$
$l+m$ は整数であるから，x^2+y^2 を4で割ったときの余りは2である。
一方，(1)より，z^2 を4で割ったときの余りは0または1であり，x^2+y^2 を4で割ったときの余りが2であることに矛盾する。
ゆえに，x, y の少なくとも一方は偶数である。
(3) a, b, c がすべて奇数であると仮定すると，(1)より，a^2, b^2, c^2 を4で割ったときの余りはすべて1である。
よって，整数 p, q, r を用いて $a^2=4p+1$, $b^2=4q+1$, $c^2=4r+1$ と表されるから，
$a^2+b^2+c^2=(4p+1)+(4q+1)+(4r+1)=4(p+q+r)+3$
$p+q+r$ は整数であるから，$a^2+b^2+c^2$ を4で割ったときの余りは3である。
一方，(1)より，d^2 を4で割ったときの余りは0または1であり，$a^2+b^2+c^2$ を4で割ったときの余りが3であることに矛盾する。
ゆえに，a, b, c の少なくとも1つは偶数である。

問7 連続する3つの整数は，$n-1$, n, $n+1$ と表される。
連続する3つの整数の和は，$(n-1)+n+(n+1)=3n$
ゆえに，連続する3つの整数の和は，中央の数の3倍に等しい。

問8 2

解説 連続する4つの整数を n, $n+1$, $n+2$, $n+3$（n は整数）とすると，
$n+(n+1)+(n+2)+(n+3)=4(n+1)+2$

問9 n を整数とすると，$A=2n+1$, $B=2n-1$ と表される。
$A^2-B^2=(2n+1)^2-(2n-1)^2=4n^2+4n+1-(4n^2-4n+1)=8n$
n は整数であるから，A^2-B^2 は8の倍数である。

問10 $n^5-n=n(n^4-1)=n(n^2+1)(n^2-1)=n(n-1)(n+1)(n^2+1)$
$n(n-1)(n+1)=(n-1)\times n\times(n+1)$ は連続する3つの整数の積であるから，6の倍数である。
ゆえに，n^5-n は6の倍数である。

問11 n は奇数であるから，整数 m を用いて，$n=2m+1$ と表される。
$n^2-1=(2m+1)^2-1=4m(m+1)$
$m(m+1)$ は連続する2つの整数の積であるから偶数である。
よって，整数 l を用いて $m(m+1)=2l$ と表されるから，$n^2-1=4\times 2l=8l$
l は整数であるから，n^2-1 は8の倍数である。

14 $N=n^3-n$ とおく。
$N=n(n-1)(n+1)=(n-1)\times n\times(n+1)$ より，N は連続する3つの整数の積であるから，6の倍数である。
また，n は奇数であるから，整数 k を用いて，$n=2k+1$ と表される。
さらに，整数 l を用いて，$k=2l$ のとき $n=2\times 2l+1=4l+1$，$k=2l-1$ のとき $n=2(2l-1)+1=4l-1$ と表される。
(i) $n=4l+1$ のとき，
$N=(4l+1)(4l+1-1)(4l+1+1)=8l(4l+1)(2l+1)$
$l(4l+1)(2l+1)$ は整数であるから，N は8の倍数である。
(ii) $n=4l-1$ のとき，
$N=(4l-1)(4l-1-1)(4l-1+1)=8l(4l-1)(2l-1)$
$l(4l-1)(2l-1)$ は整数であるから，N は8の倍数である。
(i), (ii)のいずれの場合も N は8の倍数である。
以上より，n^3-n は6の倍数であり8の倍数でもあるから，6と8の最小公倍数24の倍数である。

15 (1) $x^5-x=x(x-1)(x+1)(x^2+1)$
$x(x-1)(x+1)=(x-1)\times x\times(x+1)$ は連続する3つの整数の積であるから，x^5-x は6の倍数である。
5と6は互いに素であるから，x^5-x が5の倍数であることを示せばよい。
x は，整数 k を用いて，$x=5k$, $5k\pm 1$, $5k\pm 2$ のいずれかで表される。
(i) $x=5k$, $5k\pm 1$ のとき，
x, $x+1$, $x-1$ のいずれかが5の倍数であるから，x^5-x は5の倍数である。
(ii) $x=5k\pm 2$ のとき，
$x^2+1=(5k\pm 2)^2+1=25k^2\pm 20k+4+1=5(5k^2\pm 4k+1)$（複号同順）
$5k^2\pm 4k+1$ は整数であるから，x^2+1 は5の倍数である。
以上より，x^5-x は5の倍数であり6の倍数でもあるから，30の倍数である。

(2) (1)より，x^5-x，y^5-y はともに 30 の倍数である。
よって，整数 l，m を用いて，$x^5-x=30l$，$y^5-y=30m$ とおくと，$x^5=x+30l$，$y^5=y+30m$ と表される。
よって，$x^5y-xy^5=(x+30l)y-x(y+30m)=30(ly-mx)$
$ly-mx$ は整数であるから，x^5y-xy^5 は 30 の倍数である。

別証 (1) $x^5-x=x(x-1)(x+1)(x^2-4+5)=x(x-1)(x+1)\{(x-2)(x+2)+5\}$
$=x(x-2)(x-1)(x+1)(x+2)+5x(x-1)(x+1)$
$x(x-2)(x-1)(x+1)(x+2)=(x-2)\times(x-1)\times x\times(x+1)\times(x+2)$ は連続する 5 つの整数の積であるから，$5!=120$ の倍数である。
また，$5x(x-1)(x+1)=5\times(x-1)\times x\times(x+1)$ は 5 の倍数であり，連続する 3 つの整数の積でもあるから，30 の倍数である。
よって，整数 k，l を用いて，$(x-2)\times(x-1)\times x\times(x+1)\times(x+2)=120k$，
$5\times(x-1)\times x\times(x+1)=30l$ と表される。
ゆえに，$x^5-x=120k+30l=30(4k+l)$
$4k+l$ は整数であるから，x^5-x は 30 の倍数である。

参考 (2) $x^5y-xy^5=y(x^5-x)-x(y^5-y)$ と変形してもよい。

16 n は奇数であるから，整数 k を用いて，$n=2k-1$ と表される。
$S=(2k-1)+(2k-1+1)^2+(2k-1+2)^3=2k-1+4k^2+8k^3+12k^2+6k+1$
$=8k^3+16k^2+8k=8k(k+1)^2$
$k(k+1)$ は連続する 2 つの整数の積であるから，偶数である。
よって，整数 l を用いて，$k(k+1)=2l$ と表される。
$S=8(k+1)\times 2l=16l(k+1)$
$l(k+1)$ は整数であるから，S は 16 の倍数である。

問12 (1) 13 (2) 1 (3) 41 (4) 3

解説 (1) $403=221\times 1+182$
$221=182\times 1+39$
$182=39\times 4+26$
$39=26\times 1+13$
$26=13\times 2$

(2) $240=187\times 1+53$
$187=53\times 3+28$
$53=28\times 1+25$
$28=25\times 1+3$
$25=3\times 8+1$

(3) $8651=4633\times 1+4018$
$4633=4018\times 1+615$
$4018=615\times 6+328$
$615=328\times 1+287$
$328=287\times 1+41$
$287=41\times 7$

(4) $5349=4683\times 1+666$
$4683=666\times 7+21$
$666=21\times 31+15$
$21=15\times 1+6$
$15=6\times 2+3$
$6=3\times 2$

17 (1) $x=-25+81n$，$y=21-68n$（n は整数）
(2) $x=-20+29n$，$y=25-36n$（n は整数）
(3) $x=-3246+17n$，$y=4869-25n$（n は整数）

解説 (1) $68x+81y=1$ ………①
$68\times(-25)+81\times 21=1$ ………②
①－② より，$68(x+25)+81(y-21)=0$
よって，$68(x+25)=81(21-y)$
68 と 81 は互いに素であるから，整数 n を用いて，
$x+25=81n$，$21-y=68n$

$81=68\times 1+13$
$68=13\times 5+3$
$13=3\times 4+1$

(2) $36x+29y=5$ ……①
$36\times(-4)+29\times5=1$ ……②
②の両辺に 5 を掛けて, $36\times(-20)+29\times25=5$ ……③
$x=-20$, $y=25$ は①の解の 1 つである。
①－③ より, $36(x+20)+29(y-25)=0$
よって, $36(x+20)=29(25-y)$
36 と 29 は互いに素であるから, 整数 n を用いて, $x+20=29n$, $25-y=36n$

$\boxed{36=29\times1+7 \\ 29=7\times4+1}$

(3) $25x+17y=1623$ ……①
$25\times(-2)+17\times3=1$ より,
$25\times(-2)\times1623+17\times3\times1623=1623$
$25\times(-3246)+17\times4869=1623$ ……②
①－② より, $25(x+3246)+17(y-4869)=0$
よって, $25(x+3246)=17(4869-y)$
25 と 17 は互いに素であるから, 整数 n を用いて, $x+3246=17n$, $4869-y=25n$

$\boxed{25=17\times1+8 \\ 17=8\times2+1}$

[別解] (3) $1623=17\times95+8$ より, $25x+17y=17\times95+8$
$25x+17(y-95)=8$ ……①
ここで, $25\times(-2)+17\times3=1$ ……②
②の両辺に 8 を掛けて, $25\times(-16)+17\times24=8$ ……③
①－③ より, $25(x+16)+17(y-119)=0$ $25(x+16)=17(119-y)$
25 と 17 は互いに素であるから, 整数 n を用いて, $x+16=17n$, $119-y=25n$

18 $d=31$
$(x, y)=(-22, 25)$ など
[解説] $2077=1829\times1+248$ ……①
$1829=248\times7+93$ ……②
$248=93\times2+62$ ……③
$93=62\times1+31$ ……④
$62=31\times2$
ゆえに, 2077 と 1829 の最大公約数 d は, $d=31$
ここで, $a=2077$, $b=1829$ とおいて, 互除法の手順を利用すると,
①より, $248=2077-1829\times1=a-b$
②より, $93=1829-248\times7=b-(a-b)\times7=-7a+8b$
③より, $62=248-93\times2=(a-b)-(-7a+8b)\times2=15a-17b$
④より, $31=93-62\times1=(-7a+8b)-(15a-17b)=-22a+25b$
$=a\times(-22)+b\times25$
すなわち, $2077\times(-22)+1829\times25=31$

19 $884x+1071y=1$ が整数解 $x=m$, $y=n$ をもつと仮定すると, $17\times52m+17\times63n=1$ $17(52m+63n)=1$
$52m+63n$ は整数であるから, この式の左辺は 17 の倍数, 右辺は 1 となり, 矛盾が生じる。
ゆえに, $884x+1071y=1$ は整数解をもたない。
[別証] $884=17\times52$, $1071=17\times63$ より, 884 と 1071 は公約数 17 をもち, 互いに素ではない。
ゆえに, $884x+1071y=1$ は整数解をもたない。
[参考] 一般に, 整数 a と b が互いに素でないとき, $ax+by=1$ は整数解をもたない。

$\boxed{1071=884\times1+187 \\ 884=187\times4+136 \\ 187=136\times1+51 \\ 136=51\times2+34 \\ 51=34\times1+17 \\ 34=17\times2}$

20 自然数 a, b, q, r について，$a=bq+r$ と表されるとき，a と b の最大公約数と，b と r の最大公約数は等しい。
$7m+12n=(3m+5n)\times 2+m+2n$
よって，$7m+12n$ と $3m+5n$ の最大公約数と，$3m+5n$ と $m+2n$ の最大公約数は等しい。
また，$3m+5n=(m+2n)\times 2+m+n$
よって，$3m+5n$ と $m+2n$ の最大公約数と，$m+2n$ と $m+n$ の最大公約数は等しい。
つぎに，$m+2n=(m+n)\times 1+n$
よって，$m+2n$ と $m+n$ の最大公約数と，$m+n$ と n の最大公約数は等しい。
さらに，$m+n=n\times 1+m$
よって，$m+n$ と n の最大公約数と，m と n の最大公約数は等しい。
ゆえに，2 つの整数 m と n の最大公約数と，$7m+12n$ と $3m+5n$ の最大公約数は一致する。

4章 ★ 不定方程式の整数解

1 $(m, n) = (-110, 10), (12, 132), (22, 22)$

[解説] $\dfrac{1}{m} + \dfrac{1}{n} = \dfrac{1}{11}$ の両辺に $11mn$ を掛けて整理すると, $mn - 11m - 11n = 0$

よって, $(m-11)(n-11) = 121$

$m-11, n-11$ は整数であり, $m \leq n$ より $m-11 \leq n-11$ であるから,
$(m-11, n-11) = (-121, -1), (-11, -11), (1, 121), (11, 11)$
ただし, $m \neq 0, n \neq 0$

2 $(x, y) = (3, 6), (4, 4), (6, 3), (1, -2), (-2, 1)$

[解説] $\dfrac{xy}{x+y} = 2$ の両辺に $x+y$ を掛けて, $xy = 2x + 2y$ $xy - 2x - 2y = 0$

よって, $(x-2)(y-2) = 4$

$x-2, y-2$ は整数であるから,
$(x-2, y-2) = (1, 4), (2, 2), (4, 1), (-1, -4), (-2, -2), (-4, -1)$
ただし, $x+y \neq 0$

3 $(l, m, n) = (3, 7, 42), (3, 8, 24), (3, 9, 18), (3, 10, 15), (3, 12, 12),$
$(4, 5, 20), (4, 6, 12), (4, 8, 8), (5, 5, 10), (6, 6, 6)$

[解説] $0 < l \leq m \leq n$ より, $\dfrac{1}{l} \geq \dfrac{1}{m} \geq \dfrac{1}{n}$ よって, $\dfrac{1}{l} + \dfrac{1}{m} + \dfrac{1}{n} \leq \dfrac{1}{l} + \dfrac{1}{l} + \dfrac{1}{l} = \dfrac{3}{l}$

$\dfrac{1}{l} + \dfrac{1}{m} + \dfrac{1}{n} = \dfrac{1}{2}$ より, $\dfrac{1}{2} \leq \dfrac{3}{l}$ よって, $l \leq 6$

また, $\dfrac{1}{2} \geq \dfrac{1}{l}$ より, $l \geq 2$ ゆえに, $2 \leq l \leq 6$

l は自然数であるから, $l = 2, 3, 4, 5, 6$

(i) $l = 2$ のとき, $\dfrac{1}{2} + \dfrac{1}{m} + \dfrac{1}{n} = \dfrac{1}{2}$ $\dfrac{1}{m} + \dfrac{1}{n} = 0$

これを満たす自然数 m, n の組は存在しない。

(ii) $l = 3$ のとき, $\dfrac{1}{3} + \dfrac{1}{m} + \dfrac{1}{n} = \dfrac{1}{2}$ よって, $\dfrac{1}{m} + \dfrac{1}{n} = \dfrac{1}{6}$

$\dfrac{1}{m} \geq \dfrac{1}{n}$ より, $\dfrac{1}{m} + \dfrac{1}{n} \leq \dfrac{1}{m} + \dfrac{1}{m} = \dfrac{2}{m}$ $\dfrac{1}{6} \leq \dfrac{2}{m}$ より, $m \leq 12$

また, $\dfrac{1}{6} \geq \dfrac{1}{m}$ より, $m \geq 6$ ゆえに, $6 \leq m \leq 12$

m は自然数であるから, $m = 6, 7, 8, 9, 10, 11, 12$

$m = 6$ のとき, $\dfrac{1}{6} + \dfrac{1}{n} = \dfrac{1}{6}$ $\dfrac{1}{n} = 0$ これを満たす自然数 n は存在しない。

$m = 7$ のとき, $\dfrac{1}{7} + \dfrac{1}{n} = \dfrac{1}{6}$ $\dfrac{1}{n} = \dfrac{1}{42}$ ゆえに, $n = 42$

$m = 8$ のとき, $\dfrac{1}{8} + \dfrac{1}{n} = \dfrac{1}{6}$ $\dfrac{1}{n} = \dfrac{1}{24}$ ゆえに, $n = 24$

$m = 9$ のとき, $\dfrac{1}{9} + \dfrac{1}{n} = \dfrac{1}{6}$ $\dfrac{1}{n} = \dfrac{1}{18}$ ゆえに, $n = 18$

$m=10$ のとき, $\dfrac{1}{10}+\dfrac{1}{n}=\dfrac{1}{6}$　$\dfrac{1}{n}=\dfrac{1}{15}$　ゆえに, $n=15$

$m=11$ のとき, $\dfrac{1}{11}+\dfrac{1}{n}=\dfrac{1}{6}$　$\dfrac{1}{n}=\dfrac{5}{66}$　これを満たす自然数 n は存在しない。

$m=12$ のとき, $\dfrac{1}{12}+\dfrac{1}{n}=\dfrac{1}{6}$　$\dfrac{1}{n}=\dfrac{1}{12}$　ゆえに, $n=12$

(iii) $l=4$ のとき, $\dfrac{1}{4}+\dfrac{1}{m}+\dfrac{1}{n}=\dfrac{1}{2}$　よって, $\dfrac{1}{m}+\dfrac{1}{n}=\dfrac{1}{4}$

$\dfrac{1}{m}\geqq\dfrac{1}{n}$ より, $\dfrac{1}{m}+\dfrac{1}{n}\leqq\dfrac{1}{m}+\dfrac{1}{m}=\dfrac{2}{m}$　$\dfrac{1}{4}\leqq\dfrac{2}{m}$ より, $m\leqq 8$

また, $\dfrac{1}{4}\geqq\dfrac{1}{m}$ より, $m\geqq 4$　ゆえに, $4\leqq m\leqq 8$

m は自然数であるから, $m=4, 5, 6, 7, 8$

$m=4$ のとき, $\dfrac{1}{4}+\dfrac{1}{n}=\dfrac{1}{4}$　$\dfrac{1}{n}=0$　これを満たす自然数 n は存在しない。

$m=5$ のとき, $\dfrac{1}{5}+\dfrac{1}{n}=\dfrac{1}{4}$　$\dfrac{1}{n}=\dfrac{1}{20}$　ゆえに, $n=20$

$m=6$ のとき, $\dfrac{1}{6}+\dfrac{1}{n}=\dfrac{1}{4}$　$\dfrac{1}{n}=\dfrac{1}{12}$　ゆえに, $n=12$

$m=7$ のとき, $\dfrac{1}{7}+\dfrac{1}{n}=\dfrac{1}{4}$　$\dfrac{1}{n}=\dfrac{3}{28}$　これを満たす自然数 n は存在しない。

$m=8$ のとき, $\dfrac{1}{8}+\dfrac{1}{n}=\dfrac{1}{4}$　$\dfrac{1}{n}=\dfrac{1}{8}$　ゆえに, $n=8$

(iv) $l=5$ のとき, $\dfrac{1}{5}+\dfrac{1}{m}+\dfrac{1}{n}=\dfrac{1}{2}$　よって, $\dfrac{1}{m}+\dfrac{1}{n}=\dfrac{3}{10}$

$\dfrac{1}{m}\geqq\dfrac{1}{n}$ より, $\dfrac{1}{m}+\dfrac{1}{n}\leqq\dfrac{1}{m}+\dfrac{1}{m}=\dfrac{2}{m}$　$\dfrac{3}{10}\leqq\dfrac{2}{m}$ より, $m\leqq\dfrac{20}{3}$

また, $\dfrac{3}{10}\geqq\dfrac{1}{m}$ より, $m\geqq\dfrac{10}{3}$　ゆえに, $\dfrac{10}{3}\leqq m\leqq\dfrac{20}{3}$

m は自然数であり, $l\leqq m$ であるから, $m=5, 6$

$m=5$ のとき, $\dfrac{1}{5}+\dfrac{1}{n}=\dfrac{3}{10}$　$\dfrac{1}{n}=\dfrac{1}{10}$　ゆえに, $n=10$

$m=6$ のとき, $\dfrac{1}{6}+\dfrac{1}{n}=\dfrac{3}{10}$　$\dfrac{1}{n}=\dfrac{2}{15}$　これを満たす自然数 n は存在しない。

(v) $l=6$ のとき, $\dfrac{1}{6}+\dfrac{1}{m}+\dfrac{1}{n}=\dfrac{1}{2}$　よって, $\dfrac{1}{m}+\dfrac{1}{n}=\dfrac{1}{3}$

$\dfrac{1}{m}\geqq\dfrac{1}{n}$ より, $\dfrac{1}{m}+\dfrac{1}{n}\leqq\dfrac{1}{m}+\dfrac{1}{m}=\dfrac{2}{m}$　$\dfrac{1}{3}\leqq\dfrac{2}{m}$ より, $m\leqq 6$

また, $\dfrac{1}{3}\geqq\dfrac{1}{m}$ より, $m\geqq 3$　ゆえに, $3\leqq m\leqq 6$

m は自然数であり, $l\leqq m$ であるから, $m=6$

このとき, $\dfrac{1}{6}+\dfrac{1}{n}=\dfrac{1}{3}$　$\dfrac{1}{n}=\dfrac{1}{6}$　ゆえに, $n=6$

4 $(x, y, z) = (1, 3, 22), (1, 4, 9), (2, 2, 20)$

解説 $7(x+y+z) = 2(xy+yz+zx)$ より,
$x(2y-7) + y(2z-7) + z(2x-7) = 0$ ……①
$x \geq 4$ のとき, $z \geq y \geq 4$ であるから, ①の左辺が正となり, ①を満たす自然数 x, y, z の組は存在しない。 よって, $x = 1, 2, 3$
(i) $x = 1$ のとき, ①より, $2yz - 5y - 5z - 7 = 0$
両辺に 2 を掛けて, $4yz - 10y - 10z - 14 = 0$
よって, $(2y-5)(2z-5) = 39$
$2z - 5 \geq 2y - 5 \geq 2 \times 1 - 5 = -3$ であるから,
$(2y-5, 2z-5) = (1, 39), (3, 13)$
(ii) $x = 2$ のとき, ①より, $2yz - 3y - 3z - 14 = 0$
両辺に 2 を掛けて, $4yz - 6y - 6z - 28 = 0$
よって, $(2y-3)(2z-3) = 37$
$2z - 3 \geq 2y - 3 \geq 2 \times 2 - 3 = 1$ であるから,
$(2y-3, 2z-3) = (1, 37)$
(iii) $x = 3$ のとき, ①より, $2yz - y - z - 21 = 0$
両辺に 2 を掛けて, $4yz - 2y - 2z - 42 = 0$
よって, $(2y-1)(2z-1) = 43$
$2z - 1 \geq 2y - 1 \geq 2 \times 3 - 1 = 5$ であるから,
$(2y-1)(2z-1) = 43$ を満たす自然数 y, z の組は存在しない。

5 (1) $(x, y, z) = (1, 2, 3)$
(2) $n = 3$ のとき, $x^3 + y^3 + z^3 = xyz$
この方程式を満たす正の実数の組 (x, y, z) が存在すると仮定する。
$0 < x \leq y \leq z$ とすると, $xyz \leq zzz = z^3$
よって, $x^3 + y^3 + z^3 \leq z^3$ より, $x^3 + y^3 \leq 0$ ……②
一方, $x > 0, y > 0$ であるから, $x^3 + y^3 > 0$ ……③
②, ③は同時には成り立たない。
ゆえに, $n = 3$ のとき, ①を満たす正の実数の組 (x, y, z) は存在しない。

解説 (1) $n = 1$ のとき, $x + y + z = xyz$ ……④
$0 < x \leq y \leq z$ であるから, $x + y + z \leq z + z + z = 3z$
よって, $xyz \leq 3z$ $z > 0$ であるから, $xy \leq 3$
x, y は $0 < x \leq y$ を満たす正の整数であるから, $(x, y) = (1, 1), (1, 2), (1, 3)$
(i) $(x, y) = (1, 1)$ のとき, ④より, $2 + z = z$ これは不適。
(ii) $(x, y) = (1, 2)$ のとき, ④より, $3 + z = 2z$ ゆえに, $z = 3$
(iii) $(x, y) = (1, 3)$ のとき, ④より, $4 + z = 3z$
$x \leq y \leq z$ より, これを満たす正の整数 z は存在しない。

6 (1) $xy + yz + zx = pxyz$ の両辺を xyz で割って, $\dfrac{1}{x} + \dfrac{1}{y} + \dfrac{1}{z} = p$

$1 \leq x \leq y \leq z$ より, $1 \geq \dfrac{1}{x} \geq \dfrac{1}{y} \geq \dfrac{1}{z}$

よって, $p = \dfrac{1}{x} + \dfrac{1}{y} + \dfrac{1}{z} \leq \dfrac{1}{x} + \dfrac{1}{x} + \dfrac{1}{x} \leq 1 + 1 + 1 = 3$

ゆえに, $p \leq 3$
(2) $(p, x, y, z) = (1, 2, 3, 6), (1, 2, 4, 4), (1, 3, 3, 3), (2, 1, 2, 2), (3, 1, 1, 1)$

[解説] (2) $1 \leq x \leq y \leq z$ より $\dfrac{1}{x} \geq \dfrac{1}{y} \geq \dfrac{1}{z}$ であるから，$\dfrac{1}{x}+\dfrac{1}{y}+\dfrac{1}{z} \leq \dfrac{3}{x}$
p は自然数であり，(1)より $p \leq 3$ であるから，$p=1,\ 2,\ 3$

(i) $p=1$ のとき，(1)より，$\dfrac{1}{x}+\dfrac{1}{y}+\dfrac{1}{z}=1$

$\dfrac{1}{x}+\dfrac{1}{y}+\dfrac{1}{z} \leq \dfrac{3}{x}$ より，$1 \leq \dfrac{3}{x}$　　よって，$x \leq 3$

x は自然数であり，$1 \leq x$ であるから，$x=1,\ 2,\ 3$

$x=1$ のとき，$1+\dfrac{1}{y}+\dfrac{1}{z}=1$ より，$\dfrac{1}{y}+\dfrac{1}{z}=0$　　これを満たす自然数 $y,\ z$ の組は存在しない。

$x=2$ のとき，$\dfrac{1}{2}+\dfrac{1}{y}+\dfrac{1}{z}=1$ より，$\dfrac{1}{y}+\dfrac{1}{z}=\dfrac{1}{2}$

$\dfrac{1}{y} \geq \dfrac{1}{z}$ であるから，$\dfrac{1}{y}+\dfrac{1}{z} \leq \dfrac{1}{y}+\dfrac{1}{y}=\dfrac{2}{y}$

$\dfrac{1}{2} \leq \dfrac{2}{y}$ より，$y \leq 4$　　y は自然数であり，$x \leq y$ であるから，$y=2,\ 3,\ 4$

　$y=2$ のとき，$\dfrac{1}{2}+\dfrac{1}{z}=\dfrac{1}{2}$ より，$\dfrac{1}{z}=0$　　これを満たす自然数 z は存在しない。

　$y=3$ のとき，$\dfrac{1}{3}+\dfrac{1}{z}=\dfrac{1}{2}$ より，$\dfrac{1}{z}=\dfrac{1}{6}$　　ゆえに，$z=6$

　$y=4$ のとき，$\dfrac{1}{4}+\dfrac{1}{z}=\dfrac{1}{2}$ より，$\dfrac{1}{z}=\dfrac{1}{4}$　　ゆえに，$z=4$

$x=3$ のとき，$\dfrac{1}{3}+\dfrac{1}{y}+\dfrac{1}{z}=1$ より，$\dfrac{1}{y}+\dfrac{1}{z}=\dfrac{2}{3}$

$\dfrac{1}{y}+\dfrac{1}{z} \leq \dfrac{2}{y}$ より，$\dfrac{2}{3} \leq \dfrac{2}{y}$　　よって，$y \leq 3$

y は自然数であり，$x \leq y$ であるから，$y=3$

　このとき，$\dfrac{1}{3}+\dfrac{1}{z}=\dfrac{2}{3}$ より，$\dfrac{1}{z}=\dfrac{1}{3}$　　ゆえに，$z=3$

(ii) $p=2$ のとき，$\dfrac{1}{x}+\dfrac{1}{y}+\dfrac{1}{z}=2$

$\dfrac{1}{x}+\dfrac{1}{y}+\dfrac{1}{z} \leq \dfrac{3}{x}$ より，$2 \leq \dfrac{3}{x}$　　よって，$x \leq \dfrac{3}{2}$

x は自然数であり，$1 \leq x$ であるから，$x=1$

$1+\dfrac{1}{y}+\dfrac{1}{z}=2$ より，$\dfrac{1}{y}+\dfrac{1}{z}=1$　　$\dfrac{1}{y}+\dfrac{1}{z} \leq \dfrac{2}{y}$ より，$1 \leq \dfrac{2}{y}$　　よって，$y \leq 2$

y は自然数であり，$x \leq y$ であるから，$y=1,\ 2$

　$y=1$ のとき，$1+\dfrac{1}{z}=1$ より，$\dfrac{1}{z}=0$　　これを満たす自然数 z は存在しない。

　$y=2$ のとき，$\dfrac{1}{2}+\dfrac{1}{z}=1$ より，$\dfrac{1}{z}=\dfrac{1}{2}$　　ゆえに，$z=2$

(iii) $p=3$ のとき,$\dfrac{1}{x}+\dfrac{1}{y}+\dfrac{1}{z}=3$

$\dfrac{1}{x}+\dfrac{1}{y}+\dfrac{1}{z}\leqq\dfrac{3}{x}$ より,$3\leqq\dfrac{3}{x}$ よって,$x\leqq 1$

x は自然数であり,$1\leqq x$ であるから,$x=1$

$1+\dfrac{1}{y}+\dfrac{1}{z}=3$ より,$\dfrac{1}{y}+\dfrac{1}{z}=2$ $\dfrac{1}{y}+\dfrac{1}{z}\leqq\dfrac{2}{y}$ より,$2\leqq\dfrac{2}{y}$ よって,$y\leqq 1$

y は自然数であり,$x\leqq y$ であるから,$y=1$

このとき,$1+\dfrac{1}{z}=2$ より,$\dfrac{1}{z}=1$ ゆえに,$z=1$

7 (1) $(x,\ y)=(1,\ 2)$ (2) $(x,\ y)=(4,\ 2)$

解説 (1) $(x-y)(x+2y)=-5$ $x+2y\geqq 3$ より,$x-y<0$
よって,$(x-y,\ x+2y)=(-1,\ 5)$

(2) $(x+y)(x-y)=12$ $x+y>x-y>0$ であり,$x+y$ と $x-y$ の偶奇は一致するから,$(x+y,\ x-y)=(6,\ 2)$

8 $n=1,\ 7$

解説 $m=\sqrt{n^2+15}$ とおくと,$m^2-n^2=15$ $(m+n)(m-n)=15$
$m>n$ より $m+n>m-n>0$ であるから,$(m+n,\ m-n)=(15,\ 1),\ (5,\ 3)$

9 $(x+y)(x-y)=p\times 1$ であり,$x+y>x-y>0$ であるから,$(x+y,\ x-y)=(p,\ 1)$

これを解いて,$x=\dfrac{p+1}{2},\ y=\dfrac{p-1}{2}$

p は 3 以上の奇数であるから,$p+1,\ p-1$ は偶数である。
よって,x と y は自然数である。
ゆえに,$x^2-y^2=p$ を満たす自然数の組 $(x,\ y)$ はただ 1 組存在する。

10 $(x,\ y)=(-1,\ -3),\ (-1,\ -1),\ (3,\ -1),\ (3,\ 1)$

解説 $x^2-2(y+2)x+2y^2+6y+1=0$ より,$x=y+2\pm\sqrt{-y^2-2y+3}$
$-y^2-2y+3=-(y+1)^2+4=4-(y+1)^2$ より,x は整数であるから,$4-(y+1)^2$ は 4 以下の平方数である。
よって,$4-(y+1)^2=0,\ 1,\ 4$ のいずれかである。
(i) $4-(y+1)^2=0$ のとき,$(y+1)^2=4$ $y=-1\pm 2=-3,\ 1$
$y=-3$ のとき,$x=-1$ $y=1$ のとき,$x=3$
(ii) $4-(y+1)^2=1$ のとき,$(y+1)^2=3$ これを満たす整数 y は存在しない。
(iii) $4-(y+1)^2=4$ のとき,$(y+1)^2=0$ $y=-1$
このとき,$x=1\pm\sqrt{4}=1\pm 2=-1,\ 3$

参考 2 次不等式を利用して,x は実数であるから,$-y^2-2y+3\geqq 0$ より $y^2+2y-3\leqq 0$,$(y+3)(y-1)\leqq 0$ として求めてもよい。

11 $(a,\ b)=(1,\ -4),\ (4,\ -1)$

解説 $(a-b)(a^2+ab+b^2)=65$

ここで,$a^2+ab+b^2=\left(a+\dfrac{b}{2}\right)^2+\dfrac{3}{4}b^2\geqq 0$

$a-b,\ a^2+ab+b^2$ は整数であるから,$(a-b,\ a^2+ab+b^2)=(1,\ 65),\ (5,\ 13),\ (13,\ 5),\ (65,\ 1)$

(i) $a-b=1$, $a^2+ab+b^2=65$ のとき,
$(a-b)^2+3ab=65$ より, $ab=\dfrac{64}{3}$

これを満たす整数 a, b の組は存在しない。

(ii) $a-b=5$, $a^2+ab+b^2=13$ のとき, 同様に, $ab=-4$
$a=b+5$ より, $b(b+5)=-4$　これを解いて, $b=-1$, -4
ゆえに, $b=-1$ のとき $a=4$, $b=-4$ のとき $a=1$

(iii) $a-b=13$, $a^2+ab+b^2=5$ のとき, 同様に, $ab=-\dfrac{164}{3}$

これを満たす整数 a, b の組は存在しない。

(iv) $a-b=65$, $a^2+ab+b^2=1$ のとき, 同様に, $ab=-1408$
$a=b+65$ より, b が偶数のとき a は奇数であり, b が奇数のとき a は偶数である。
$1408=2^7 \times 11$ であり, b が偶数のとき a は奇数であるから, $(a, b)=(-11, 2^7)$, $(11, -2^7)$

これらは $a=b+65$ を満たさない。
b が奇数のとき a は偶数であるから, $(a, b)=(2^7, -11)$, $(-2^7, 11)$
これらは $a=b+65$ を満たさない。
よって, これを満たす整数 a, b の組は存在しない。

別解 (iv) $a^2+ab+b^2=1$ のとき, $a^2+ab+b^2-1=0$

解の公式より, $a=\dfrac{-b\pm\sqrt{b^2-4(b^2-1)}}{2}=\dfrac{-b\pm\sqrt{4-3b^2}}{2}$

a は整数であるから, $4-3b^2$ は 4 以下の平方数である。
よって, $4-3b^2=0$, 1, 4 のいずれかである。
$4-3b^2=0$ のとき, $3b^2=4$　これを満たす整数 b は存在しない。
$4-3b^2=1$ のとき, $3b^2=3$　$b=\pm 1$
　$b=-1$ のとき, $a=\dfrac{1\pm\sqrt{1}}{2}=\dfrac{1\pm 1}{2}=0$, 1
　$b=1$ のとき, $a=\dfrac{-1\pm\sqrt{1}}{2}=\dfrac{-1\pm 1}{2}=-1$, 0
$4-3b^2=4$ のとき, $3b^2=0$　$b=0$
　このとき, $a=\dfrac{\pm\sqrt{4}}{2}=\pm 1$

いずれの場合も $a-b=65$ とはならない。

12 $n=55$

解説 自然数 a と b が互いに素であるとき, どのような 0 以上の整数 x, y を用いても $ax+by$ と表すことのできない最大の整数は, $ab-a-b$ であるから,
$n=8\times 9-8-9$

5章 ★★ 合同式

問1 (1) $n \equiv 0 \pmod{2}$ (2) $n \equiv 4 \pmod{8}$ (3) $n \equiv a \pmod{11}$ (4) $a \equiv b \pmod{10}$

問2 2, 7, 12, 17

問3 1, -6, 8, -13, 15

問4 (1) $x=3$ (2) $x=8$
解説 (1) $534 = 9 \times 59 + 3$
(2) $-972 = 10 \times (-98) + 8$

問5 $x=13$

問6 $x=-4$

問7 $p=21, 63$
解説 $75-12=63$ より，63 の約数で 2 桁の自然数。

1 $x = 5 + 104k$（k は整数）
解説 $x \equiv 5 \pmod 8$ より，$x-5$ は 8 の倍数であるから，整数 m を用いて，
$x = 8m+5$ と表される。
また，$x \equiv 5 \pmod{13}$ より，$x-5$ は 13 の倍数であるから，整数 n を用いて，
$x = 13n+5$ と表される。
よって，$8m+5 = 13n+5$　　$8m = 13n$
8 と 13 は互いに素であるから，整数 k を用いて，$m = 13k$，$n = 8k$ と表される。
このとき，$x = 8 \times 13k + 5$
参考 $x-5$ は 8 と 13 の公倍数である。このことを利用して，$x-5 = 8 \times 13k$（k は整数）と求めてもよい。

2 $x = 38, 157, 276$
解説 $x \equiv 3 \pmod 7$ より，$x-3$ は 7 の倍数であるから，整数 m を用いて，
$x = 7m+3$ と表される。
また，$x \equiv 4 \pmod{17}$ より，$x-4$ は 17 の倍数であるから，整数 n を用いて，
$x = 17n+4$ と表される。
よって，$7m+3 = 17n+4$ より，$17n - 7m = -1$ ……①
$n=2, m=5$ は①を満たすから，$17 \times 2 - 7 \times 5 = -1$ ……②
①−②より，$17(n-2) - 7(m-5) = 0$　　$17(n-2) = 7(m-5)$
17 と 7 は互いに素であるから，整数 k を用いて，$n-2 = 7k$，$m-5 = 17k$ と表される。
このとき，$m = 17k+5$ より，$x = 7(17k+5) + 3 = 38 + 119k$　　これに $k=0, 1, 2$ を代入する。

問8 $a \equiv b \pmod m$ より，整数 k を用いて，$a-b = mk$ と表される。
ここで，$(a+1) - (b+1) = a-b = mk$ であるから，
$a+1 \equiv b+1 \pmod m$

問9 $a \equiv b \pmod m$ より，整数 k を用いて，$a-b = mk$ と表される。
ここで，$2a - 2b = 2(a-b) = 2mk$
$2k$ は整数であるから，$2a \equiv 2b \pmod m$

問10 $a \equiv -1 \pmod m$ より，整数 k を用いて，$a+1 = mk$ と表される。
ここで，$a - (m-1) = a+1-m = mk-m = m(k-1)$
$k-1$ は整数であるから，$a \equiv m-1 \pmod m$

問11 $a \equiv b \pmod{m}$ より，整数 k を用いて，$a-b=mk$ ……① と表される。
また，$c \equiv d \pmod{m}$ より，整数 l を用いて，$c-d=ml$ ……② と表される。
(1) ①，②より，$(a+c)-(b+d)=(a-b)+(c-d)=mk+ml=m(k+l)$
$k+l$ は整数であるから，$a+c \equiv b+d \pmod{m}$
(2) ①，②より，$(a-c)-(b-d)=(a-b)-(c-d)=mk-ml=m(k-l)$
$k-l$ は整数であるから，$a-c \equiv b-d \pmod{m}$

問12 (1) $a \equiv b \pmod{m}$ より，整数 k を用いて，$a-b=mk$ ……① と表される。
①の両辺に n を掛けて，$an-bn=mkn$ ……②
kn は整数であるから，$an \equiv bn \pmod{m}$
(2) ②より，$an-bn=mnk$　　k は整数であるから，$an \equiv bn \pmod{mn}$
(3) $an \equiv bn \pmod{mn}$ より，整数 k を用いて，$an-bn=mnk$ と表される。
$n(a-b)=nmk$ より，$a-b=mk$　　k は整数であるから，$a \equiv b \pmod{m}$

3 (1) 正しい
(証明) $31-(-24)=55=5 \times 11$　　ゆえに，$31 \equiv -24 \pmod{5}$
(2) 正しい
(証明) $a \equiv b \pmod{m}$ の両辺に $-(a+b)$ を加えて，
$a-(a+b) \equiv b-(a+b) \pmod{m}$　　よって，$-b \equiv -a \pmod{m}$
ゆえに，$-a \equiv -b \pmod{m}$
(別証) $a \equiv b \pmod{m}$ より，整数 k を用いて，$a-b=mk$ と表される。
$-b-(-a)=a-b=mk$　　よって，$-b \equiv -a \pmod{m}$
ゆえに，$-a \equiv -b \pmod{m}$
(3) 正しくない
(反例) $5 \equiv 2 \pmod{3}$ であるが，$5 \not\equiv -2 \pmod{3}$
(4) 正しくない
(反例) $5^2 \equiv 1^2 \pmod{3}$ であるが，$5 \not\equiv 1 \pmod{3}$
(5) 正しくない
(反例) $2 \times 3 \equiv 0 \pmod{6}$ であるが，$2 \not\equiv 0 \pmod{6}$ かつ $3 \not\equiv 0 \pmod{6}$ である。
(6) 正しい
(証明) $a \equiv 0 \pmod{m}$ の両辺に b を掛けて，$ab \equiv 0 \times b \pmod{m}$
ゆえに，$ab \equiv 0 \pmod{m}$
(別証) $a \equiv 0 \pmod{m}$ より，整数 k を用いて，$a=mk$ と表される。
両辺に b を掛けて，$ab=mkb$　　ゆえに，$ab \equiv 0 \pmod{m}$
(7) 正しくない
(反例) $6 \equiv 0 \pmod{2}$，$6 \equiv 0 \pmod{3}$ であるが，$6 \not\equiv 0 \pmod{5}$
(8) 正しくない
(反例) $2 \equiv 8 \pmod{2}$，$2 \equiv 8 \pmod{3}$ であるが，$2 \times 2 \not\equiv 2 \times 8 \pmod{5}$
(9) 正しくない
(反例) $12 \equiv 2 \pmod{5}$，$12 \equiv 2 \pmod{10}$ であるが，$12 \not\equiv 2 \pmod{50}$
(10) 正しくない
(反例) $2 \times 7 \equiv 2 \times 2 \pmod{10}$ であるが，$7 \not\equiv 2 \pmod{10}$
[注意] $\not\equiv$ は，$\equiv$ でないことを表す。

4 3
[解説] $5! \equiv 0 \pmod{15}$ より，$6! \equiv 0 \pmod{15}$，$7! \equiv 0 \pmod{15}$，$8! \equiv 0 \pmod{15}$，$9! \equiv 0 \pmod{15}$，$10! \equiv 0 \pmod{15}$
よって，$1!+2!+3!+4!+5!+6!+7!+8!+9!+10! \equiv 1!+2!+3!+4! \pmod{15}$

ここで，$1+2!+3!+4!=1+2+6+24=33$　　ゆえに，$33\equiv 3\pmod{15}$

5 $x=17+60k$（k は整数）

解説 $x\equiv 2\pmod 5$ より，$12x\equiv 24\pmod{60}$ ……①
$x\equiv 5\pmod{12}$ より，$5x\equiv 25\pmod{60}$ ……②
②×5 より，$25x\equiv 125\pmod{60}$ ……③
①×2 より，$24x\equiv 48\pmod{60}$ ……④
③−④ より，$x\equiv 77\pmod{60}$
$77\equiv 17\pmod{60}$ より，$x\equiv 17\pmod{60}$

問13 16

解説 $25\equiv 2\pmod{23}$ より，$25^4\equiv 2^4\pmod{23}$

問14 58

解説 $-65\equiv -4\pmod{61}$ より，$(-65)^3\equiv(-4)^3\pmod{61}$
$-64\equiv -3\equiv 58\pmod{61}$

6 $n=10$

解説 $7^2\equiv 5\pmod{11}$
$7^3=7^2\times 7\equiv 5\times 7\equiv 35\equiv 2\pmod{11}$
$7^4\equiv 2\times 7\equiv 14\equiv 3\pmod{11}$
$7^5\equiv 3\times 7\equiv 21\equiv 10\pmod{11}$
$7^6\equiv 10\times 7\equiv 70\equiv 4\pmod{11}$
$7^7\equiv 4\times 7\equiv 28\equiv 6\pmod{11}$
$7^8\equiv 6\times 7\equiv 42\equiv 9\pmod{11}$
$7^9\equiv 9\times 7\equiv 63\equiv 8\pmod{11}$
$7^{10}\equiv 8\times 7\equiv 56\equiv 1\pmod{11}$

別解 $7^5\equiv 21\equiv 10\equiv -1\pmod{11}$ を利用して，$(7^5)^2\equiv(-1)^2\pmod{11}$
$7^{10}\equiv 1\pmod{11}$

7 1

解説 $a^4\equiv 2^4\pmod 5$ より，$a^4\equiv 1\pmod 5$
また，$1000=4\times 250$ であるから，$a^{1000}\equiv(a^4)^{250}\equiv 1^{250}\pmod 5$

8 4

解説 m を正の整数として，5^m を 9 で割ったときの余りは，$m=1$, 2, 3, 4, 5, 6, … としていくと，5, 7, 8, 4, 2, 1, … を繰り返すことになる。
また，$1000=6\times 166+4$ である。

参考 $\varphi(n)$ を n のオイラー関数とすると，$\varphi(9)=6$ である。
5 と 9 は互いに素であるから，オイラーの定理（→本文 p.121）を使うと，
$5^{\varphi(9)}\equiv 1\pmod 9$ であることがわかる。

9 2

解説 2018^{2019} の一の位の数は，2018^{2019} を 10 で割ったときの余りである。
m を正の整数として，2018^m を 10 で割ったときの余りは，8^m を考えて，$m=1$, 2, 3, 4, … としていくと，8, 4, 2, 6, … を繰り返すことになる。
また，$2019=4\times 504+3$ である。

10 整数 a は $a\equiv\pm 1\pmod 3$ であるから，$a^2\equiv 1\pmod 3$
同様に，$b^2\equiv 1\pmod 3$
よって，$a^4\equiv 1\pmod 3$，$b^4\equiv 1\pmod 3$
したがって，$a^4+a^2b^2+b^4\equiv 1+1\times 1+1\equiv 3\equiv 0\pmod 3$
ゆえに，$a^4+a^2b^2+b^4$ は 3 の倍数である。

11 (1) 整数 a は，$a\equiv 0\pmod 5$，$a\equiv \pm 1\pmod 5$，$a\equiv \pm 2\pmod 5$ のいずれかに分類される。
(i) $a\equiv 0\pmod 5$ のとき，
$a^2\equiv 0\pmod 5$　　よって，a^2 は 5 の倍数である。
(ii) $a\equiv \pm 1\pmod 5$ のとき，
$a^2\equiv (\pm 1)^2\equiv 1\pmod 5$　　よって，a^2 は 5 で割ると 1 余る。
(iii) $a\equiv \pm 2\pmod 5$ のとき，
$a^2\equiv (\pm 2)^2\equiv 4\pmod 5$　　よって，a^2 は 5 で割ると 4 余る。
ゆえに，a^2 を 5 で割った余りは 0, 1, 4 のいずれかであるから，5 で割った余りは 3 とならない。
(2) a も b も c も 5 の倍数でないと仮定する。
(1)より，$c^2\equiv 1\pmod 5$ または $c^2\equiv 4\pmod 5$
このとき，(1)より，次の 4 つの場合が考えられる。ただし，複号はあらゆる組み合わせをとるものとする。
(i) $a\equiv \pm 1\pmod 5$，$b\equiv \pm 1\pmod 5$ のとき，
$a^2\equiv 1\pmod 5$，$b^2\equiv 1\pmod 5$ より，$a^2+b^2\equiv 1+1\equiv 2\pmod 5$
(ii) $a\equiv \pm 1\pmod 5$，$b\equiv \pm 2\pmod 5$ のとき，
$a^2\equiv 1\pmod 5$，$b^2\equiv 4\pmod 5$ より，$a^2+b^2\equiv 1+4\equiv 5\equiv 0\pmod 5$
(iii) $a\equiv \pm 2\pmod 5$，$b\equiv \pm 1\pmod 5$ のとき，
$a^2\equiv 4\pmod 5$，$b^2\equiv 1\pmod 5$ より，$a^2+b^2\equiv 4+1\equiv 5\equiv 0\pmod 5$
(iv) $a\equiv \pm 2\pmod 5$，$b\equiv \pm 2\pmod 5$ のとき，
$a^2\equiv 4\pmod 5$，$b^2\equiv 4\pmod 5$ より，$a^2+b^2\equiv 4+4\equiv 8\equiv 3\pmod 5$
いずれの場合も，$c^2\equiv 1\pmod 5$ または $c^2\equiv 4\pmod 5$ である。よって，$a^2+b^2=c^2$ は成り立たないから矛盾が生じる。
ゆえに，a，b，c の少なくとも 1 つは 5 の倍数である。

問15 (1) $x\equiv 4\pmod{12}$　(2) $x\equiv 12\pmod{35}$　(3) $x\equiv 0\pmod 9$
解説 (1) 7 と 12 は互いに素
(2) 6 と 35 は互いに素
(3) 8 と 9 は互いに素

12 (1) $x\equiv 5\pmod 7$　(2) $x\equiv 6\pmod{11}$　(3) $x\equiv 3\pmod 8$
解説 (1) $-3\equiv 4\equiv 25\pmod 7$ より，$5x\equiv 25\pmod 7$
5 と 7 は互いに素であるから，$x\equiv 5\pmod 7$
(2) $25\equiv 36\pmod{11}$ より，$6x\equiv 36\pmod{11}$
6 と 11 は互いに素であるから，$x\equiv 6\pmod{11}$
(3) $13x+7\equiv -10\pmod 8$ より，$13x\equiv -17\pmod 8$
$-17\equiv 39\pmod 8$ より，$13x\equiv 39\pmod 8$
13 と 8 は互いに素であるから，$x\equiv 3\pmod 8$
別解 (3) $13x\equiv 8x+5x\pmod 8$ より，$13x\equiv 5x\pmod 8$
$-17\equiv 7\pmod 8$ より，$5x\equiv 7\pmod 8$
$5^2\equiv 1\pmod 8$ であるから $5x\equiv 7\pmod 8$ の両辺に 5 を掛けて，
$5^2 x\equiv 5\times 7\pmod 8$
よって，$x\equiv 35\pmod 8$
$35\equiv 3\pmod 8$ より，$x\equiv 3\pmod 8$

6章★★ 巻末問題

1 (1) $N=100a+10b+c=98a+7b+2a+3b+c=7(14a+b)+2a+3b+c$ である。
N が 7 の倍数であるとすると，$N=7n$（n は整数）と表される。
このとき，$7n=7(14a+b)+2a+3b+c$　　$2a+3b+c=7(n-14a-b)$
$n-14a-b$ は整数であるから，$2a+3b+c$ は 7 の倍数である。
逆に，$2a+3b+c$ が 7 の倍数であるとすると，$2a+3b+c=7k$（k は整数）と表される。
このとき，$N=7(14a+b)+7k=7(14a+b+k)$
$14a+b+k$ は整数であるから，N は 7 の倍数である。
ゆえに，3 桁の整数 $N=100a+10b+c$ が 7 の倍数となる必要十分条件は，
$2a+3b+c$ が 7 の倍数となることである。
(2) N を 3 桁ごとに 2 つの数に分けたときの前の数を a（$100≦a≦999$），後の数を b（$0≦b≦999$）とすると，$N=1000a+b$ と表される。
$1001=7×143$ であることから，$N=(7×143-1)a+b=7×143a-(a-b)$
ゆえに，$a-b$ が 7 の倍数であるならば，N は 7 の倍数である。

2 (1) $f(20)=8$　(2) $g(1)=2$，$g(10)=29$
解説 (1) 20 以下の素数は，2，3，5，7，11，13，17，19
(2) n 以下の素数の個数が 1 個以上であるような n は，$n≧2$
n の最小値は $n=2$ であるから，$g(1)=2$
素数を小さい順に 10 個書くと，2，3，5，7，11，13，17，19，23，29 であるから，n 以下の素数の個数が 10 個以上であるような n は，$n≧29$

3 (1) $S(440)=22$　(2) $k=252$，300，360
解説 (1) $440=2^3×5×11$　　よって，$S(440)=2+2+2+5+11$
(2) $S(k)=17$ となるとき，現れる素因数は 17 以下である。
17 以下の素数は，2，3，5，7，11，13，17
3 種類の素因数が現れるとき，$17+2+3=22$，$13+2+3=18$ となるから，17，13 が現れることはない。11 が現れるとすると，$11+2+3=16$，$11+2+5=18$ となるから，11 が現れることはない。
よって，2，3，5，7 の 4 種類の中から 3 種類が現れる。
(i) 2，3，5 が現れるとき，$S(k)=2+2+2+3+3+5$ のとき，$k=2^3×3^2×5=360$
　$S(k)=2+2+3+5+5$ のとき，$k=2^2×3×5^2=300$
(ii) 2，3，7 が現れるとき，$S(k)=2+2+3+3+7$ のとき，$k=2^2×3^2×7=252$
(iii) 2，5，7 が現れるとき，和を 17 にすることができない。
(iv) 3，5，7 が現れるとき，和を 17 にすることができない。

4 $n=56$
解説 $504=2^3×3^2×7$，$825=3×5^2×11$
n が 3，5，11 を因数にもたないとき，$\dfrac{n}{825}$ はこれ以上約分できない分数になる。
ゆえに，3 を因数にもたない n のうち $\dfrac{504}{n}$ が自然数になる最大の n は，$n=2^3×7$

5 $n=180$

[解説] $48=2^4\times3$, $225=3^2\times5^2$, $486=2\times3^5$ より，$\dfrac{n^2}{48}$ が整数になる最小の n は

$2^2\times3=12$ の倍数，$\dfrac{n^3}{225}$ が整数になる最小の n は $3\times5=15$ の倍数，$\dfrac{n^4}{486}$ が整数に

なる最小の n は $2\times3^2=18$ の倍数である。よって，$\dfrac{n^2}{48}$，$\dfrac{n^3}{225}$，$\dfrac{n^4}{486}$ がすべて整数

になるのは，n が 12, 15, 18 の公倍数のときである。ゆえに，求める整数 n は 12, 15, 18 の最小公倍数である。

6 素因数の種類が最も多くなる最大の数は 42
素因数の個数が最も多くなる最大の数は 48

[解説] $2\times3\times5\times7=210>50$, $2\times3\times5=30<50$ より，素因数の種類が最も多くなるのは 3 種類のときで，最大の数は $2\times3\times7$

$2^6=64>50$, $2^5=32<50$ より，素因数の個数は 5 個が最も多く，最大の数は $2^4\times3$

7 $\sqrt[3]{2}$ が無理数でないと仮定すると，有理数であるから，自然数 m, n を用いて，

$\sqrt[3]{2}=\dfrac{m}{n}$ と表される。

m, n を素因数分解して，$m=p_1\cdots p_k$, $n=q_1\cdots q_l$ (p_1, $\cdots$, p_k, q_1, $\cdots$, q_l は素数)

とすると，$\sqrt[3]{2}=\dfrac{p_1\cdots p_k}{q_1\cdots q_l}$

両辺を 3 乗して，$2=\dfrac{p_1{}^3\cdots p_k{}^3}{q_1{}^3\cdots q_l{}^3}$　　分母を払うと，$2\times q_1{}^3\cdots q_l{}^3=p_1{}^3\cdots p_k{}^3$ ……①

ここで，①の素因数の個数に着目すると，左辺は $(3l+1)$ 個，右辺は $3k$ 個であり，このことは素因数分解の一意性に反する。

ゆえに，$\sqrt[3]{2}$ は無理数である。

[参考] ①の素因数 2 の個数に着目してもよい。
(左辺の個数)$\equiv1\pmod{3}$, (右辺の個数)$\equiv0\pmod{3}$

8 $(a, b)=(23, 27), (50, 27), (77, 27)$

[解説] $n=\dfrac{a}{27}+\dfrac{31}{b}$ ……① とすると，n は整数である。

①の両辺に b を掛けて，$\dfrac{ab}{27}=bn-31$

この式の右辺は整数であり，a と 27 は互いに素であるから，b は 27 の倍数である。
よって，$b=27, 54, 81$　　これらはいずれも 31 と互いに素である。

①の両辺に 27 を掛けて，$\dfrac{27\times31}{b}=27n-a$　　右辺は整数であるから，$b=27$

このとき，$a=27n-31$　　$1\leqq a\leqq100$ より，$n=2, 3, 4$　　ゆえに，$a=23, 50, 77$
これらはいずれも 27 と互いに素である。

9 135 組

[解説] $2018=2015+3$ であるから，$3x+5y=2018$ は，$3(x-1)+5(y-403)=0$ と変形できる。　よって，$3(x-1)=5(403-y)$

3 と 5 は互いに素であるから，整数 k を用いて $x=1+5k$, $y=403-3k$ と表される。

$x>0$ より，$k>-\dfrac{1}{5}$ ……①　　$y>0$ より，$k<\dfrac{403}{3}$ ……②

①，②より，$-\dfrac{1}{5} < k < \dfrac{403}{3}$ ……③

k は整数であり，$\dfrac{403}{3} = 134\dfrac{1}{3}$ であるから，③を満たす整数は 0 も含めて 135 個である。

10 (1) $25x = 31y + 1$ より，
$25x - 125 = 31y + 1 - 125$ 　　$25(x-5) = 31(y-4)$
25 と 31 は互いに素であるから，$x-5$ は 31 の倍数である。
(2) $(x, y) = (5, 4), (31, 25), (36, 29), (62, 50), (67, 54), (93, 75),$
$(98, 79), (124, 100)$

|解説| (2) x, y は整数であるから，$25x - 31y$ も整数である。
よって，$25x - 31y = 0$ または $25x - 31y = 1$
(i) $25x - 31y = 0$ のとき，$25x = 31y$
よって，整数 s を用いて，$x = 31s, y = 25s$ と表される。
$1 \leq y \leq 100$ であるから，$s = 1, 2, 3, 4$
(ii) $25x - 31y = 1$ のとき，(1)より，整数 t を用いて $x - 5 = 31t, y - 4 = 25t$ と表される。
よって，$x = 5 + 31t, y = 4 + 25t$
$1 \leq y \leq 100$ であるから，$t = 0, 1, 2, 3$

|別証| (1) $25x - 31y = 1$ ……①
ユークリッドの互除法より，$31 = 25 \times 1 + 6, 25 = 6 \times 4 + 1$
$a = 25, b = 31$ とおくと，$6 = b - a, 1 = a - 4(b-a) = 5a - 4b$
すなわち，$25 \times 5 + 31 \times (-4) = 1$ ……②
①－②より，$25(x-5) - 31(y-4) = 0$ 　　$25(x-5) = 31(y-4)$ としてもよい。

11 1 円硬貨 45 枚，5 円硬貨 51 枚，50 円硬貨 4 枚
または，1 円硬貨 90 枚，5 円硬貨 2 枚，50 円硬貨 8 枚

|解説| 1 円硬貨，5 円硬貨，50 円硬貨の枚数をそれぞれ x 枚，y 枚，z 枚とすると，
$x + y + z = 100$ ……①，$x + 5y + 50z = 500$ ……②
②－①より，$4y + 49z = 400$ 　　$49z = 4(100 - y)$
49 と 4 は互いに素であるから，整数 k を用いて，$100 - y = 49k, z = 4k$ と表される。
よって，$y = 100 - 49k, z = 4k$
$1 \leq y \leq 100, 1 \leq z \leq 100$ より，$k = 1$ または $k = 2$
このとき，$(x, y, z) = (45, 51, 4), (90, 2, 8)$

12 (1) $n^2 + 1$ が 5 の倍数であるとき，整数 k を用いて，$n^2 + 1 = 5k$ と表される。
よって，$n^2 - 4 = 5k - 5$ 　　$(n+2)(n-2) = 5(k-1)$
5 は素数であるから，整数 l を用いて，$n + 2 = 5l$ または $n - 2 = 5l$ と表される。
(i) $n + 2 = 5l$ のとき，
$n = 5l - 2 = 5(l-1) + 3$ 　　n を 5 で割ったときの余りは 3 である。
(ii) $n - 2 = 5l$ のとき，
$n = 5l + 2$ 　　n を 5 で割ったときの余りは 2 である。
よって，$n^2 + 1$ が 5 の倍数であるとき，n を 5 で割ったときの余りは 2 または 3 である。
逆に，n を 5 で割ったときの余りが 2 または 3 であるとき，整数 m を用いて，
$n = 5m + 2$ または $n = 5m + 3$ と表される。

(iii) $n=5m+2$ のとき,
$n^2+1=(5m+2)^2+1=25m^2+20m+4+1=5(5m^2+4m+1)$
$5m^2+4m+1$ は整数であるから, n^2+1 は 5 の倍数である。
(iv) $n=5m+3$ のとき,
$n^2+1=(5m+3)^2+1=25m^2+30m+9+1=5(5m^2+6m+2)$
$5m^2+6m+2$ は整数であるから, n^2+1 は 5 の倍数である。
よって, n を 5 で割ったときの余りが 2 または 3 であるとき, n^2+1 は 5 の倍数である。
ゆえに, n^2+1 が 5 の倍数であることと, n を 5 で割ったときの余りが 2 または 3 であることは同値である。
(2) $p-a=(a^2+1)-a=a(a-1)+1$ a は正の整数であるから $a(a-1)\geqq 0$ より, $p-a>0$ よって, $0<a<p$, $0<p-a<p$
n^2+1 が p の倍数であるとき, 整数 k を用いて, $n^2+1=pk$ と表される。
よって, $n^2+1-p=pk-p$
$p=a^2+1$ より $1-p=-a^2$ であるから, $n^2-a^2=pk-p$
$(n+a)(n-a)=p(k-1)$
p は素数であるから, 整数 l を用いて, $n+a=pl$ または $n-a=pl$ と表される。
(i) $n+a=pl$ のとき,
$n=pl-a=p(l-1)+p-a$ n を p で割ったときの余りは $p-a$ である。
(ii) $n-a=pl$ のとき,
$n=pl+a$ n を p で割ったときの余りは a である。
よって, n^2+1 が p の倍数であるとき, n を p で割ったときの余りは a または $p-a$ である。
逆に, n を p で割ったときの余りが a または $p-a$ であるとき, 整数 m を用いて, $n=pm+a$ または $n=pm+p-a$ と表される。
(iii) $n=pm+a$ のとき,
$n^2+1=(pm+a)^2+1=p^2m^2+2pma+a^2+1=p^2m^2+2pma+p=p(pm^2+2ma+1)$
$pm^2+2ma+1$ は整数であるから, n^2+1 は p の倍数である。
(iv) $n=pm+p-a=p(m+1)-a$ のとき,
$n^2+1=\{p(m+1)-a\}^2+1=p^2(m+1)^2-2p(m+1)a+a^2+1$
$=p^2(m+1)^2-2p(m+1)a+p=p\{p(m+1)^2-2(m+1)a+1\}$
$p(m+1)^2-2(m+1)a+1$ は整数であるから, n^2+1 は p の倍数である。
よって, n を p で割ったときの余りが a または $p-a$ であるとき, n^2+1 は p の倍数である。
ゆえに, a が正の整数であり, $p=a^2+1$ が素数であるとき, n^2+1 が p の倍数であることと, n を p で割ったときの余りが a または $p-a$ であることは同値である。
別証 (合同式の利用)
(2) $n^2+1=n^2-a^2+a^2+1=(n+a)(n-a)+a^2+1=(n+a)(n-a)+p$ より,
$n^2+1\equiv (n+a)(n-a) \pmod{p}$
$n^2+1\equiv 0 \pmod{p}$ とすると, $(n+a)(n-a)\equiv 0 \pmod{p}$
ゆえに, $n\equiv \pm a \pmod{p}$
逆に, $n\equiv \pm a \pmod{p}$ とすると, $n^2+1\equiv 0 \pmod{p}$

13 (1) a, b がともに 3 の倍数でないとすると, 整数 k, l を用いて, $a=3k\pm1$, $b=3l\pm1$ と表される。ただし, 複号はあらゆる組み合わせをとる。
(i) $ab=(3k\pm1)(3l\pm1)=9kl\pm3k\pm3l+1=3(3kl\pm k\pm l)+1$ (複号同順)
(ii) $ab=(3k\pm1)(3l\mp1)=9kl\mp3k\pm3l-1=3(3kl\mp k\pm l)-1$ (複号同順)
よって, いずれの場合も ab は 3 の倍数にならない。
したがって, 対偶が真であるから, もとの命題は真である。
ゆえに, ab が 3 の倍数であるとき, a または b は 3 の倍数である。
(2) ab が 3 の倍数であるから, (1)より, a または b は 3 の倍数である。
$a+b$ が 3 の倍数であるから, 整数 m を用いて, $a+b=3m$ と表される。
(i) a が 3 の倍数のとき, 整数 n を用いて, $a=3n$ と表されるから,
$b=a+b-a=3m-3n=3(m-n)$
$m-n$ は整数であるから, b は 3 の倍数である。
(ii) b が 3 の倍数のとき, 同様に, a は 3 の倍数である。
ゆえに, $a+b$ と ab がともに 3 の倍数であるとき, a と b はともに 3 の倍数である。
(3) $a^2+b^2=(a+b)^2-2ab$ より, $2ab=(a+b)^2-(a^2+b^2)$
よって, $a+b$ と a^2+b^2 がともに 3 の倍数であるとき, $2ab$ は 3 の倍数である。
2 と 3 は互いに素であるから, ab は 3 の倍数である。
よって, $a+b$ と ab がともに 3 の倍数であるから, (2)より, a と b はともに 3 の倍数である。
ゆえに, $a+b$ と a^2+b^2 がともに 3 の倍数であるとき, a と b はともに 3 の倍数である。
参考 (1)は, p を素数とすると, $ab\equiv0\pmod{p}$ のとき, $a\equiv0\pmod{p}$ または $b\equiv0\pmod{p}$ であることの $p=3$ の場合の証明である。

14 $x=-6+37k$, $y=13-80k$
解説 互除法より, $1360=17\times80$, $629=17\times37$ であるから, $1360x+629y=17$ の両辺を 17 で割って, $80x+37y=1$ ……① の整数解を求める。 $80=37\times2+6$ ……②
$37=6\times6+1$ ……③
$a=80$, $b=37$ とおくと, ②より $6=a-2b$, ③より $1=b-6(a-2b)$
よって, $-6a+13b=1$ すなわち, $80\times(-6)+37\times13=1$ ……④
①-④より, $80(x+6)+37(y-13)=0$ $80(x+6)=37(13-y)$
80 と 37 は互いに素であるから, 整数 k を用いて, $x+6=37k$, $13-y=80k$ と表される。

15 (1) $r_2=r_3q_4$ を $r_1=r_2q_3+r_3$ に代入して, $r_1=r_3q_4q_3+r_3=r_3(q_4q_3+1)$ ……①
q_4q_3+1 は整数であるから, r_3 は r_1 の約数である。
また, ①と $r_2=r_3q_4$ より,
$b=r_1q_2+r_2=r_3(q_4q_3+1)q_2+r_3q_4=r_3\{(q_4q_3+1)q_2+q_4\}$ ……②
$(q_4q_3+1)q_2+q_4$ は整数であるから, r_3 は b の約数である。
さらに, ①, ②より, $a=bq_1+r_1=r_3\{(q_4q_3+1)q_2+q_4\}q_1+r_3(q_4q_3+1)$
$=r_3[\{(q_4q_3+1)q_2+q_4\}q_1+(q_4q_3+1)]$
$\{(q_4q_3+1)q_2+q_4\}q_1+(q_4q_3+1)$ は整数であるから, r_3 は a の約数である。
(2) c が a と b の公約数であるとき, 整数 m, n を用いて, $a=mc$, $b=nc$ と表される。
$a=bq_1+r_1$ より, $r_1=a-bq_1=mc-ncq_1=c(m-nq_1)$ ……③
ゆえに, $m-nq_1$ は整数であるから, c は r_1 の約数である。

また，③と $b=r_1q_2+r_2$ より，
$r_2=b-r_1q_2=nc-c(m-nq_1)q_2=c\{n-(m-nq_1)q_2\}$ ……④
$n-(m-nq_1)q_2$ は整数であるから，c は r_2 の約数である。
さらに，③，④と $r_1=r_2q_3+r_3$ より，
$r_3=r_1-r_2q_3=c(m-nq_1)-c\{n-(m-nq_1)q_2\}q_3$
$=c[(m-nq_1)-\{n-(m-nq_1)q_2\}q_3]$
$(m-nq_1)-\{n-(m-nq_1)q_2\}q_3$ は整数であるから，c は r_3 の約数である。
ゆえに，c は r_2 と r_3 の公約数である。
(3) $a=bq_1+r_1$ より，$r_1=a+b(-q_1)$ ……⑤
よって，$x=1$，$y=-q_1$ とおくと，$r_1=ax+by$
ゆえに，r_1 は整数 x，y を用いて $ax+by$ の形で表される。
また，⑤と $b=r_1q_2+r_2$ より，
$r_2=b-r_1q_2=b-(a-bq_1)q_2=a(-q_2)+b(1+q_1q_2)$ ……⑥
よって，$x=-q_2$，$y=1+q_1q_2$ とおくと，$r_2=ax+by$
ゆえに，r_2 は整数 x，y を用いて $ax+by$ の形で表される。
さらに，⑤，⑥と $r_1=r_2q_3+r_3$ より，
$r_3=r_1-r_2q_3=a+b(-q_1)-\{a(-q_2)+b(1+q_1q_2)\}q_3$
$=a(1+q_2q_3)+b(-q_1-q_3-q_1q_2q_3)$
よって，$x=1+q_2q_3$，$y=-q_1-q_3-q_1q_2q_3$ とおくと，$r_3=ax+by$
ゆえに，r_3 は整数 x，y を用いて $ax+by$ の形で表される。
(4) (1)より r_3 は a と b の公約数であり，(2)より a と b の公約数は r_3 の約数である。
よって，r_3 は a と b の最大公約数 d と等しく，(3)より d は整数 x，y を用いて $ax+by$ の形で表される。

16 (1) $z_1 \in A$，$z_2 \in A$ とすると，$z_1=ax_1+by_1$，$z_2=ax_2+by_2$ と表される。
$z_1+z_2=ax_1+by_1+ax_2+by_2=a(x_1+x_2)+b(y_1+y_2)$
x_1+x_2，y_1+y_2 はともに整数であるから，$z_1+z_2 \in A$
(2) $z \in A$ とすると，$z=ax+by$ と表される。
z を d で割った商を q，余りを r とすると，$z=dq+r$ $(0 \leq r<d)$ と表される。
よって，$dq+r=ax+by$
$r=ax+by-dq=ax+by-(ax_0+by_0)q=a(x-x_0q)+b(y-y_0q)$
$x-x_0q$，$y-y_0q$ はともに整数であるから $r \in A$ となるが，$0 \leq r<d$ であり d は A の正の要素のうち最小であるから，$0<r<d$ とすると d が A の正の最小の要素であることに反する。したがって，$r=0$ すなわち，A の要素はすべて d で割り切れる。
(3) a と b の最大公約数が g であるとき，互いに素である2つの整数 a'，b' を用いて，$a=ga'$，$b=gb'$ と表されるから，$d=(ga')x_0+(gb')y_0=g(a'x_0+b'y_0)$
$a'x_0+b'y_0$ は整数であるから，g は d の約数であり，$g \leq d$ ……①
一方，$a=a \times 1+b \times 0$ と $b=a \times 0+b \times 1$ はともに A の要素であるから，d は a と b の公約数である。
g は a と b の最大公約数であるから，$d \leq g$ ……②
①，②より，$g=d$

(4) (2)と(3)より，A のどの要素も g の倍数であるから，$A \subset B$ ……③
逆に，$w \in B$ とすると，ある整数 k を用いて，
$w = gk = dk = (ax_0 + by_0)k = a(kx_0) + b(ky_0)$ と表される。
kx_0，ky_0 はともに整数であるから，$w \in A$　　よって，$B \subset A$ ……④
③，④より，$A = B$

17 (1) $(y, z) = (2, 4), (3, 2)$
(2) $x = 1, 2$
(3) $(x, y, z) = (1, 2, 4), (1, 3, 2), (2, 1, 1)$

解説 (1) $x = 1$ のとき，①より，$1 + \dfrac{1}{2y} + \dfrac{1}{3z} = \dfrac{4}{3}$　　$\dfrac{1}{2y} + \dfrac{1}{3z} = \dfrac{1}{3}$

両辺に $6yz$ を掛けて，$3z + 2y = 2yz$
よって，$(2y - 3)(z - 1) = 3$ ……②
y, z は自然数であるから，$2y - 3 \geqq -1$，$z - 1 \geqq 0$
ゆえに，②より，$(2y - 3, z - 1) = (1, 3), (3, 1)$

(2) $y \geqq 1$，$z \geqq 1$ であるから，$\dfrac{1}{2y} \leqq \dfrac{1}{2}$，$\dfrac{1}{3z} \leqq \dfrac{1}{3}$

$\dfrac{1}{x} = \dfrac{4}{3} - \left(\dfrac{1}{2y} + \dfrac{1}{3z}\right) \geqq \dfrac{4}{3} - \left(\dfrac{1}{2} + \dfrac{1}{3}\right) = \dfrac{1}{2}$

よって，$x \leqq 2$

(3) (2)より，$x \leqq 2$ であり，x は自然数であるから，$x = 1, 2$
$x = 1$ のときは，(1)で求めた。

$x = 2$ のとき，①より，$\dfrac{1}{2} + \dfrac{1}{2y} + \dfrac{1}{3z} = \dfrac{4}{3}$　　$\dfrac{1}{2y} + \dfrac{1}{3z} = \dfrac{5}{6}$

$\dfrac{1}{3z} \leqq \dfrac{1}{3}$ より，$\dfrac{1}{2y} = \dfrac{5}{6} - \dfrac{1}{3z} \geqq \dfrac{5}{6} - \dfrac{1}{3} = \dfrac{1}{2}$

よって，$2y \leqq 2$　　y は自然数であるから，$y = 1$

このとき，$\dfrac{1}{2} + \dfrac{1}{3z} = \dfrac{5}{6}$　　これを解いて，$z = 1$

18 (1) $(x, y) = (2, 9), (3, 4)$　 (2) $(x, y, z) = (2, 3, 5)$

解説 (1) $\left(1 + \dfrac{1}{x}\right)\left(1 + \dfrac{1}{y}\right) = \dfrac{5}{3}$ の両辺に $3xy$ を掛けて，$3(x+1)(y+1) = 5xy$

$2xy - 3x - 3y = 3$　　両辺に 2 を掛けて，$4xy - 6x - 6y = 6$
よって，$(2x - 3)(2y - 3) = 15$
$1 < x < y$ より $-1 < 2x - 3 < 2y - 3$ であるから，$(2x - 3, 2y - 3) = (1, 15), (3, 5)$

(2)(i) $x = 2$, $y = 3$ のとき，$1 < x < y < z$ より，$z \geqq 4$

よって，$\left(1 + \dfrac{1}{2}\right)\left(1 + \dfrac{1}{3}\right)\left(1 + \dfrac{1}{z}\right) = \dfrac{12}{5}$　　これを解いて，$z = 5$

(ii) $x \geqq 2$, $y \geqq 4$ のとき，$1 < x < y < z$ より，$z \geqq 5$

$\dfrac{1}{x} \leqq \dfrac{1}{2}$, $\dfrac{1}{y} \leqq \dfrac{1}{4}$, $\dfrac{1}{z} \leqq \dfrac{1}{5}$ であるから，

$\left(1 + \dfrac{1}{x}\right)\left(1 + \dfrac{1}{y}\right)\left(1 + \dfrac{1}{z}\right) \leqq \left(1 + \dfrac{1}{2}\right)\left(1 + \dfrac{1}{4}\right)\left(1 + \dfrac{1}{5}\right) = \dfrac{9}{4} < \dfrac{12}{5}$

よって，$\left(1 + \dfrac{1}{x}\right)\left(1 + \dfrac{1}{y}\right)\left(1 + \dfrac{1}{z}\right) = \dfrac{12}{5}$ を満たす自然数 x, y, z は存在しない。

(iii) $x=3$ のとき，$1<x<y<z$ より，$y \geq 4$，$z \geq 5$
$\dfrac{1}{x}=\dfrac{1}{3}$，$\dfrac{1}{y} \leq \dfrac{1}{4}$，$\dfrac{1}{z} \leq \dfrac{1}{5}$ であるから，
$$\left(1+\dfrac{1}{x}\right)\left(1+\dfrac{1}{y}\right)\left(1+\dfrac{1}{z}\right) \leq \left(1+\dfrac{1}{3}\right)\left(1+\dfrac{1}{4}\right)\left(1+\dfrac{1}{5}\right)=2<\dfrac{12}{5}$$
よって，$\left(1+\dfrac{1}{x}\right)\left(1+\dfrac{1}{y}\right)\left(1+\dfrac{1}{z}\right)=\dfrac{12}{5}$ を満たす自然数 x，y，z は存在しない。

19 (1) $x-kq$ と $x-lq$（k，l は $1 \leq k < l \leq p$ を満たす整数）を p で割った余りが一致すると仮定する。
このとき，$x-kq-(x-lq)=(l-k)q$ が p の倍数であるから，整数 n を用いて，
$(l-k)q=np$ と表される。
$1 \leq k < l \leq p$ より，$1 \leq l-k \leq p-1$
p と q は互いに素である正の整数であり，$l-k$ は p の倍数でないから，$(l-k)q$ は p の倍数にならない。これは矛盾である。
ゆえに，$x-q$，$x-2q$，$\cdots$，$x-pq$ を p で割った余りはすべて相異なる。
(2) (1)の結果より，p 個の整数 $x-q$，$x-2q$，$\cdots$，$x-pq$ の中に p で割り切れる整数が 1 個ある。
b を $1 \leq b \leq p$ の整数とし，$x-bq$ が p で割り切れるとすると，整数 a を用いて，
$x-bq=pa$ と表され，$bq=qb$ であるから，$x=pa+qb$
ここで，$x>pq$ より $x-bq \geq x-pq>0$，$x-bq=pa$ であるから，a は正の整数である。
ゆえに，$x>pq$ である任意の整数 x は，適当な正の整数 a，b を用いて，$x=pa+qb$ と表される。

20 整数 n が存在して，$(n-1)^3+n^3=(n+1)^3$ を満たすと仮定する。
展開して整理すると，$n^3-6n^2=2$ よって，$n^2(n-6)=2$
n^2 は 2 の約数で平方数であるから，$n^2=1$ $n=\pm 1$
ところが，$n=1$ のとき $n^2(n-6)=-5$，$n=-1$ のとき $n^2(n-6)=-7$ であるから，$n^2(n-6)=2$ は成り立たない。
よって，$(n-1)^3+n^3=(n+1)^3$ を満たす整数 n は存在しない。
ゆえに，連続する 3 個の整数について，最大の数の 3 乗が他の 2 数のおのおのの 3 乗の和に等しくなることはない。

21 (1) $\{1,\ 5,\ 6\}$ と $\{2,\ 3,\ 7\}$
(2) 連続する 7 個の整数は，整数 n を用いて，$n+1$，$n+2$，$n+3$，$n+4$，$n+5$，$n+6$，$n+7$ と表される。
(1)の結果より，2 組の 3 整数 $\{n+1,\ n+5,\ n+6\}$ と $\{n+2,\ n+3,\ n+7\}$ について調べてみると，和は，
$(n+1)+(n+5)+(n+6)=3n+12$，
$(n+2)+(n+3)+(n+7)=3n+12$
となり，平方の和は，
$(n+1)^2+(n+5)^2+(n+6)^2=3n^2+24n+62$，
$(n+2)^2+(n+3)^2+(n+7)^2=3n^2+24n+62$
となるから，この 2 組の 3 整数は和も平方の和も等しくなる。
ゆえに，どのような連続する 7 個の整数についても，その中の相異なる 6 個の整数を用いて，和も平方の和も等しくなるような 2 組の 3 整数の組合せをつくることができる。

解説 (1) $1+2+3+4+5+6+7=28$ より，3 整数の和は 14 より小さい。
また，用いる 6 個の整数の和が偶数であるから，用いない整数は偶数 2, 4, 6 のいずれかである。
(i) 2 を用いないとき，
3 数の和より，$\{1, 5, 7\}$ と $\{3, 4, 6\}$。これは平方の和が等しくない。
(ii) 4 を用いないとき，
3 数の和より，$\{1, 5, 6\}$ と $\{2, 3, 7\}$。これは平方の和も等しくなる。
(iii) 6 を用いないとき，
3 数の和より，$\{1, 3, 7\}$ と $\{2, 4, 5\}$。これは平方の和が等しくない。

22 $m=12$, $n=9$

解説 $m^3+1^3=n^3+10^3$ より，$m^3-n^3=999$
よって，$(m-n)(m^2+mn+n^2)=999$
$m^3-n^3=999>0$, $m \geqq 2$, $n \geqq 2$ より $m^2+mn+n^2 \geqq 12$ であるから，$m-n>0$
$m^2+mn+n^2>m^2>m>m-n$ であるから，
$(m-n,\ m^2+mn+n^2)=(1,\ 999),\ (3,\ 333),\ (9,\ 111),\ (27,\ 37)$
(i) $m-n=1$, $m^2+mn+n^2=999$ のとき，
$m^2+mn+n^2=(m-n)^2+3mn$ より，$(m-n)^2+3mn=999$
$1+3mn=999$ 左辺は 3 で割ると 1 余り，右辺は 3 の倍数であるから，この等式を満たす整数 m, n の組は存在しない。
(ii) $m-n=3$, $m^2+mn+n^2=333$ のとき，$(m-n)^2+3mn=333$
$9+3mn=333$ $mn=108$ これに $m=n+3$ を代入して，$n(n+3)=108$
$n^2+3n-108=0$ $(n+12)(n-9)=0$ $n=-12,\ 9$
$n \geqq 2$ であるから，$n=9$ このとき，$m=9+3=12$
(iii) $m-n=9$, $m^2+mn+n^2=111$ のとき，$(m-n)^2+3mn=111$
$81+3mn=111$ $mn=10$ これに $m=n+9$ を代入して，$n(n+9)=10$
$n^2+9n-10=0$ $(n+10)(n-1)=0$
$n=-10,\ 1$ となるから，この等式を満たす 2 以上の整数 n は存在しない。
(iv) $m-n=27$, $m^2+mn+n^2=37$ のとき，$(m-n)^2+3mn=37$
$27^2+3mn=37$ 左辺は 3 の倍数であり，右辺は 3 の倍数でないから，この等式を満たす整数 m, n の組は存在しない。
以上より，$m=12$, $n=9$
参考 (iv)の $27^2+3mn=37$ で，明らかに $27^2 \geqq 37$ であるから，この等式を満たす正の整数 m, n の組は存在しないとしてもよい。

23 $x \equiv 2\ (\text{mod}\ 7)$, $x \equiv 4\ (\text{mod}\ 7)$

解説 $6x^2-x-1 \equiv 0\ (\text{mod}\ 7)$ より，$(3x+1)(2x-1) \equiv 0\ (\text{mod}\ 7)$
7 は素数であるから，$3x+1 \equiv 0\ (\text{mod}\ 7)$ または $2x-1 \equiv 0\ (\text{mod}\ 7)$ である。
(i) $3x+1 \equiv 0\ (\text{mod}\ 7)$ のとき，
$3x \equiv -1\ (\text{mod}\ 7)$ $-1 \equiv 6\ (\text{mod}\ 7)$ より，$3x \equiv 6\ (\text{mod}\ 7)$
3 と 7 は互いに素であるから，$x \equiv 2\ (\text{mod}\ 7)$
(ii) $2x-1 \equiv 0\ (\text{mod}\ 7)$ のとき，
$2x \equiv 1\ (\text{mod}\ 7)$ 両辺に 4 を掛けて，$8x \equiv 4\ (\text{mod}\ 7)$ $8x \equiv x\ (\text{mod}\ 7)$ より，
$x \equiv 4\ (\text{mod}\ 7)$
注意 p を素数とするとき，$xy \equiv 0\ (\text{mod}\ p)$ とすると，$x \equiv 0\ (\text{mod}\ p)$ または $y \equiv 0\ (\text{mod}\ p)$ である。p が素数でないとき，このことは必ずしも成り立たない。

24 (1) $x=2$ (2) $x=2$ (3) $x=4$ (4) $x=0$ (5) $x=6$ (6) $x=0$ (7) $x=10$

解説 (1) $2!=2$ (2) $3!=6$ (3) $4!=24$ (4) $5!=120$ (5) $6!=720$

(6) 一の位の数を求めればよい。
$(10-1)!=9\times8\times7\times6\times5!$ と $5!=120$ より,一の位の数は 0 である。

(7) $5!=120$ より,$5!\equiv10\equiv-1\ (\mathrm{mod}\ 11)$
$9\equiv-2\ (\mathrm{mod}\ 11)$, $8\equiv-3\ (\mathrm{mod}\ 11)$, $7\equiv-4\ (\mathrm{mod}\ 11)$, $6\equiv-5\ (\mathrm{mod}\ 11)$ より,
$9\times8\times7\times6\equiv(-2)\times(-3)\times(-4)\times(-5)\equiv5!\equiv-1\ (\mathrm{mod}\ 11)$
よって,$9!\equiv5!\times5!\equiv1\ (\mathrm{mod}\ 11)$

参考 一般に,p を素数とするとき,$(p-1)!\equiv-1\ (\mathrm{mod}\ p)$ が成り立つ。これを**ウィルソンの定理**という。

25 $k\geqq5$ のとき,$k!$ は 5×2 の倍数であるから,$k!\equiv0\ (\mathrm{mod}\ 10)$
よって,$1+2!+3!+\cdots+n!\equiv1+2!+3!+4!\ (\mathrm{mod}\ 10)$
$1+2!+3!+4!\equiv1+2+6+24=33\equiv3\ (\mathrm{mod}\ 10)$
ここで,$0^2\equiv0\ (\mathrm{mod}\ 10)$, $1^2\equiv1\ (\mathrm{mod}\ 10)$, $2^2\equiv4\ (\mathrm{mod}\ 10)$, $3^2\equiv9\ (\mathrm{mod}\ 10)$,
$4^2\equiv6\ (\mathrm{mod}\ 10)$, $5^2\equiv5\ (\mathrm{mod}\ 10)$, $6^2\equiv6\ (\mathrm{mod}\ 10)$, $7^2\equiv9\ (\mathrm{mod}\ 10)$,
$8^2\equiv4\ (\mathrm{mod}\ 10)$, $9^2\equiv1\ (\mathrm{mod}\ 10)$ より,平方数で 10 を法として 3 と合同である数はない。
ゆえに,$n\geqq5$ のとき,$1+2!+3!+\cdots+n!$ は平方数にならない。

26 (1) $r(3)=10$, $r(5)=5$, $r(8)=16$, $r(11)=7$, $r(25)=14$

(2) $k=16$, $r(2004)=13$ (3) 13

解説 $3^n\equiv r(n)\ (\mathrm{mod}\ 17)$ である。

(1) $3^3=27=1\times17+10$ であるから,$3^3\equiv10\ (\mathrm{mod}\ 17)$ より,$r(3)=10$
$3^5=3^{2+3}\equiv3^2\times3^3\equiv9\times10\equiv5\times17+5\equiv5\ (\mathrm{mod}\ 17)$ より,$r(5)=5$
$3^8=3^{5+3}\equiv3^5\times3^3\equiv5\times10\equiv2\times17+16\equiv16\ (\mathrm{mod}\ 17)$ より,$r(8)=16$
$3^{11}=3^{8+3}\equiv3^8\times3^3\equiv16\times10\equiv9\times17+7\equiv7\ (\mathrm{mod}\ 17)$ より,$r(11)=7$
$3^{25}=3^{22+3}\equiv(3^{11})^2\times3^3\equiv7^2\times10\equiv28\times17+14\equiv14\ (\mathrm{mod}\ 17)$ より,$r(25)=14$

(2) $r(1)$ から順に書き出していくと,次のようになる。
$r(1)=3$, $r(2)=9$, $r(3)=10$, $r(4)=13$, $r(5)=5$, $r(6)=15$, $r(7)=11$,
$r(8)=16$, $r(9)=14$, $r(10)=8$, $r(11)=7$, $r(12)=4$, $r(13)=12$, $r(14)=2$,
$r(15)=6$, $r(16)=1$, $r(17)=3$, $\cdots$
よって,$3^n\equiv3^{n+16}\ (\mathrm{mod}\ 17)$ であるから,$k=16$
$2004=16\times125+4$ であるから,$3^{2004}=3^{16\times125+4}=(3^{16})^{125}\times3^4$
ゆえに,$3^{2004}\equiv1^{125}\times3^4\equiv13\ (\mathrm{mod}\ 17)$ より,$r(2004)=13$

(3) 3^a+3^b が 17 で割り切れるための条件は,$r(a)+r(b)$ が 17 で割り切れることである。ただし,$r(0)=1$ とする。
$17=1+16=2+15=3+14=4+13=5+12=6+11=7+10=8+9$
(2)より,$r(18)=r(2)$, $r(19)=r(3)$, $r(20)=r(4)$ であるから,$r(a)+r(b)$ が 17 で割り切れる $(a,\ b)$ の組は,$(a,\ b)=(8,\ 0)$, $(9,\ 1)$, $(10,\ 2)$, $(11,\ 3)$, $(12,\ 4)$, $(13,\ 5)$, $(14,\ 6)$, $(15,\ 7)$, $(16,\ 8)$, $(17,\ 9)$, $(18,\ 10)$, $(19,\ 11)$, $(20,\ 12)$ の 13 組ある。

27 (1) $m=44$, 56, 94

(2) $n=46$, 96

解説 (1) $m=10a+b$ とおく。ただし,a, b は整数で $1\leqq a\leqq9$, $0\leqq b\leqq9$
$m^2\equiv b^2\ (\mathrm{mod}\ 10)$ よって,m^2 の一の位の数 6 は b^2 の一の位の数と一致する。
b^2 の一の位の数は 6 であるから,$b=4$, 6

(i) $b=4$ のとき,
$m^2 \equiv 100a^2+80a+16 \equiv 80a+16 \pmod{100}$ であるから, m^2 の下2桁の数 36 は, $80a+16$ の下2桁の数と一致する。
よって, $80a$ の下2桁は 20 であるから, $a=4, 9$
(ii) $b=6$ のとき,
$m^2 \equiv 100a^2+120a+36 \equiv 20a+36 \pmod{100}$
m^2 の下2桁の数 36 は, $20a+36$ の下2桁の数と一致する。
よって, $20a$ は 100 の倍数であるから, $a=5$
(2) $n=10a+b$ とおく。ただし, a, b は整数で $1 \leqq a \leqq 9$, $0 \leqq b \leqq 9$
$n^3 \equiv b^3 \pmod{10}$ よって, n^3 の一の位の数 6 は b^3 の一の位の数と一致する。
b^3 の一の位の数は 6 であるから, $b=6$
このとき, $n^3 \equiv 1000a^3+1800a^2+1080a+216 \equiv 80a+16 \pmod{100}$
$80a+16$ の下2桁の数が 36 となるから, $a=4, 9$

28 (1) p は 3 以上の素数であるから, $2k$ は p で割り切れない。
よって, $2k$ を p で割ったときの余りが r_k のとき, $1 \leqq r_k \leqq p-1$ であるから, $B \subset A$
ここで, $m, n \in A$ $(m \neq n)$ に対して, $r_m = r_n$ と仮定する。
このとき, $2m \equiv r_m \pmod{p}$, $2n \equiv r_n \pmod{p}$
辺々を引いて, $2m-2n \equiv r_m - r_n \pmod{p}$
よって, $2(m-n) \equiv 0 \pmod{p}$
p が素数であるから 2 と p は互いに素であり, $m-n \equiv 0 \pmod{p}$
すなわち, ある整数 l を用いて $m-n=pl$ と表されるが, $1 \leqq m \leqq p-1$, $1 \leqq n \leqq p-1$ であるから, $l=0$ かつ $m=n$ となる。これは $m \neq n$ に矛盾する。
したがって, $r_m \neq r_n$ となり, $r_1, r_2, \cdots, r_{p-1}$ はすべて互いに異なる。
ゆえに, B の要素の個数は $p-1$ であるから, $A=B$
(2) $1 \times 2 \equiv r_1 \pmod{p}$, $2 \times 2 \equiv r_2 \pmod{p}$, $\cdots$, $(p-1) \times 2 \equiv r_{p-1} \pmod{p}$ の辺々を掛けて, $1 \times 2 \times \cdots \times (p-1) \times 2^{p-1} \equiv r_1 r_2 \cdots r_{p-1} \pmod{p}$
ここで, (1)より, $1 \times 2 \times \cdots \times (p-1) = r_1 r_2 \cdots r_{p-1}$ であるから,
$(p-1)! \times 2^{p-1} \equiv (p-1)! \pmod{p}$ となり, $(p-1)!$ は p と互いに素であるから, $2^{p-1} \equiv 1 \pmod{p}$
すなわち, $2^{p-1}-1$ は p で割り切れる。
[参考] この問題は, 「p を素数, a を p と互いに素である自然数とするとき, $a^{p-1} \equiv 1 \pmod{p}$ が成り立つ」というフェルマーの小定理の $a=2$ の場合である。